Fresh & healthy &
delicious juice
大忙人的健康補給品！

喝對蔬果汁不生病

每天1杯，
嚴選200道
好喝的維他命

- 疲勞的上班族
- 窈窕美麗的女性
- 熬夜的學生、SOHO族
- 討厭蔬果的兒童
- 預防便秘
- 婦女疾病不再來
- 遠離肥胖
- 提升免疫力
- 預防感冒
- 遠離癌症
- 預防慢性病
- 永保年輕活力

楊馥美 編著

專業營養師
黃煦君 審定

朱雀文化

每天1杯，喝對蔬果汁不生病

　　你是個一天到晚忙得昏頭轉向的上班族？還是白天休息晚上工作的SOHO夜貓族？你家中有每天熬夜努力於考試的考生？還是有不喜歡吃蔬果的小朋友？現代人將時間、精力都投注在工作、學業上，不知不覺中，忽略了自己和家人的身體健康、情緒。直到有一天，當你發現自己或家人的身體大不如前，才急忙想速求健康，若只想靠吞維他命來吸收營養是不夠的。

　　每個人都知道從天然食物中攝取到的營養，才是最佳的健康來源，只不過，我們的生活太忙，根本沒有時間好好做菜。除了維他命丸、鈣片、纖維錠這些硬梆梆的膠囊，難道沒有的方法吃到天然營養？同樣身為忙碌上班族的我，想到一個最簡單的方法，就是自己製作蔬果汁。

　　只要將這些種植在我們生活土地上的蔬果，全部都丟進果汁機或果菜汁機（調理機）中，幾個動作就能喝到天然營養，我想沒有再比這個方法更簡單的了。我在這本書中蒐集了200杯好喝的蔬果汁，初步分成「你是哪一種人？不同的行業就要喝不一樣的果汁」和「我有小毛病嗎！不一樣的症狀就要喝不同的果汁」兩個大單元，再細分成數個小單元，方便讀者選擇適合的果汁。建議讀者們可從目錄中挑選果汁。

　　書中的果汁，更經由專業的黃煦君營養師審定，讓你除了喝到美味，還能喝得更健康。所以，不管你是持續受慢性病、婦女疾病所苦，還是因便秘、肥胖所困擾的人，或者只是想預防癌症、增強免疫力、加強體力，只要每天1杯天然蔬果汁，才是最佳的營養補充劑。那現在，該是清洗果汁機的時候了！

楊馥美

※CONTENTS

每天1杯，喝對蔬果汁不生病……4

■ **蔬果汁的基礎**
3種常見製作果汁的機器……6
8個讓果汁更好喝的訣竅……8
10個打好蔬果汁的Q＆A……10
7個蔬果汁的最佳配角……12
豆漿DIY……13
常見蔬菜水果聰明保存……14

Part 1
你是哪一種人？
不同行業就要喝不一樣的果汁
■ **疲勞的上班族**
西洋梨蘋果汁＋萵苣蘋果汁……18
蘆筍白芝麻牛奶＋葡萄牛奶……18
木瓜芝麻牛奶｜胡蘿蔔柳丁牛奶……20
木瓜香蕉牛奶＋柳丁芒果優酪乳……21
鳳梨柳丁汁＋高麗菜蘆薈汁……22
柳丁橘子汁＋香蕉鳳梨汁……23
青江菜蘋果汁＋鳳梨白菜汁……24
萵苣芹菜汁＋鳳梨汁……25
草莓白蘿蔔汁＋西瓜鳳梨汁……26
綜合蔬菜汁＋蕃茄汁……27

毛豆葡萄柚優酪乳＋葡萄柚優酪乳……28
核桃杏仁甜椒汁＋毛豆豆漿……29
胡蘿蔔蔬果薑汁＋蘋果芥蘭菜汁……30
核桃酪梨牛奶＋香蕉柳丁豆漿……31
柚子檸檬汁＋香瓜巴西里汁……32

■ **窈窕美麗的女性**
蕃茄蜂蜜汁＋酪梨蘆筍汁……33
松子蕃茄汁＋香蕉杏仁汁……34
白花椰西芹牛奶＋蕃茄優酪乳……35
蘋果醋汁＋柳丁甜椒汁……36
木瓜柳丁豆漿＋胡蘿蔔蘋果豆漿……37
芭樂蜂蜜汁＋柳丁黃瓜汁……38
小黃瓜奇異果汁＋胡蘿蔔蕃茄牛奶……39
綠花椰奇異果汁＋蓮藕胡蘿蔔汁……40
草莓豆漿＋黑芝麻蘆筍豆漿……41
草莓橘子優酪乳＋葡萄柚甜椒汁……42
香蕉蛋蜜汁＋酪梨草莓牛奶……42

■ 熬夜的學生、SOHO族

蕃茄梅子粉汁＋蘆薈蛋蜜汁……44
檸檬蛋蜜汁＋香蕉南瓜汁……45
蕃茄牛奶＋萵苣芹菜蘋果汁……46
小松菜黑棗豆漿＋青椒紫蘇牛奶……47
木瓜芝麻優酪乳＋香蕉黃豆粉牛奶……48
葡萄柚枇杷汁＋芒果蕃茄汁……49
芒果木瓜汁＋山苦瓜奇異果汁……50
高麗菜蘋果汁＋蘋果胡蘿蔔薑汁……51
藍莓香蕉牛奶＋酪梨蛋蜜汁……52
柳丁柿乾牛奶＋核桃豆漿……53
蕃茄甜椒汁＋香瓜汁……54
草莓胚芽優格＋藍莓優格奶……55
蘆筍香瓜豆漿＋香蕉豆腐汁……56
毛豆香蕉牛奶＋香蕉青江菜汁……57
水蜜桃杏桃牛奶＋南瓜牛奶……58
芒果牛奶＋蘋果杏桃汁……59

■ 討厭蔬果的兒童

香蕉蘋果牛奶＋草莓牛奶……60
南瓜柳丁優酪乳＋蕃茄葡萄柚優酪乳……61
地瓜蘋果牛奶＋綠花椰柳丁豆漿……62
奇異果多多＋葡萄多多……63
草莓奶昔＋芭樂多多……64
柳丁香蕉牛奶＋柳丁蛋蜜汁……64
小松菜蘋果汁＋胡蘿蔔柳丁汁……66
鳳梨蘋果汁＋櫻桃優格汁……67
奇異果油菜優酪乳＋蘋果優酪乳……68
白蘿蔔柳丁汁＋蘋果西芹可爾必思……69

Part2
我有小毛病嗎？不一樣的症狀就要喝不同的果汁

■ 預防便秘

火龍果奇異果汁＋蘋果水梨汁＋苦瓜柳丁汁……72
木瓜優酪乳＋毛豆香蕉甜奶＋奇異果牛奶……73
香蕉芝麻豆漿＋奇異果葡萄柚汁＋香蕉咖啡牛奶……74

■ 防止骨質疏鬆

鳳梨優酪乳＋高麗菜柳丁牛奶＋檸檬橘子汁……75
青江菜香蕉汁＋櫻桃優酪乳＋葡萄藍莓汁……76

閱讀本書食譜之前
1.本書中食材的量1小匙＝5c.c.或5克，1/2小匙＝2.5c.c.或2.5克，1大匙＝15c.c.或15克。
2.本書中的果汁皆為1杯（230～280c.c.）份量，適合1人飲用。
3.本書材料部分蔬果的重量，是指淨重，不含果核、籽或外皮。
4.本書中的蔬果汁建議不加糖飲用，若一定要加，以天然蜂蜜為佳。
5.蔬果汁製作完成後需盡快喝完。
6.每道食譜品名旁都有建議使用機器，如：「 」＝果汁機、「 」＝果菜汁機、「 」＝壓榨器，但仍可依個人喜好和家中已配備做選擇，但建議粗纖維食材（胡蘿蔔等）以果菜汁機（調理機）製作為佳，細纖維食材較易被人體吸收，可直接喝下。
7.所有蔬果打汁前應清洗乾淨，盡量以無農藥有機蔬果打汁較營養。
8.一天不可混喝太多種類果汁，可能引發腸胃不舒服，讀者需注意。
9.本書果汁療效部分，或者個人體質是否適合飲用可再詳細詢問醫師為佳。
10.為求拍照視覺上的美觀，食譜中的果汁量可能稍多，讀者製作時仍以食譜中材料份量為主。

※CONTENTS

■ 婦女疾病不再來
香蕉綠花椰菜牛奶＋鳳梨豆漿＋小蕃茄高麗菜汁……77
生薑蘋果茶＋油菜蘋果汁＋芹菜蘋果汁……78
高麗菜水果汁＋柳丁薑茶＋菠菜西芹牛奶……79
綠花椰菜蕃茄汁＋香蕉柳丁蛋蜜汁＋超級維他命C果汁……80
香蕉黑棗乾牛奶＋葡萄柚葡萄乾牛奶＋菠菜胡蘿蔔牛奶……81
香蕉葡萄汁＋胡蘿蔔薑汁＋橘子薑汁……82
金桔菠菜豆漿＋南瓜肉桂優酪乳＋木瓜油菜花汁……83

■ 遠離肥胖
綜合甜椒汁＋萵苣柳丁汁＋低卡蔬菜汁……84
水蜜桃梨子汁＋火龍果鳳梨汁＋西瓜苦瓜汁……85
柳丁大黃瓜汁＋火龍果高麗菜汁＋蕃茄黃瓜汁……86
青江菜香瓜汁＋蕃茄香蕉牛奶＋青江菜蕃茄牛奶……87

■ 增強免疫力
蘋果巴西里汁＋蕃茄巴西里汁＋南瓜柚子牛奶……88
馬鈴薯香蕉牛奶＋地瓜胡蘿蔔牛奶＋馬鈴薯萵苣牛奶……89
枇杷蜂蜜汁＋奇異果蜂蜜汁＋小麥草檸檬汁……90
五穀精力湯＋苜蓿芽精力汁＋綜合活力湯……91

■ 治療感冒
蓮藕薑汁＋白蘿蔔水梨汁＋蓮藕柳丁汁……92
胡蘿蔔蛋蜜牛奶＋菠菜柳丁汁＋蘋果生薑蘇打水……93

■ 遠離癌症
葡萄柚醋果汁＋超級蔬果汁＋大蒜胡蘿蔔汁……94
柳丁豆腐汁＋葡萄芒果汁＋香蕉芝麻豆腐汁……95
木瓜紅酒汁＋葡萄汁＋葡萄柚柳丁汁……96
小麥草汁＋小麥草蘋果汁＋藍莓鳳梨汁……97

■ 預防慢性病
西瓜水梨汁＋高麗菜小豆苗汁＋香瓜香蕉汁……98
草莓豆腐汁＋菠菜胡蘿蔔汁＋蘋果蘇打水……99
西瓜水梨牛奶＋奇異果水梨汁＋哈密瓜檸檬汁……100
哈密瓜豆漿＋蘆薈牛奶＋香蕉檸檬汁……101
高麗菜青椒汁＋香蕉牛奶……102

■ 永保年輕
地瓜杏仁牛奶……102
山藥牛奶＋牛蒡果汁＋火龍果多多……103
索引……104

自己製作營養的蔬果豆漿！
綠花椰柳丁豆漿……20
毛豆豆漿……29
香蕉柳丁豆漿……31
木瓜柳丁豆漿……37
胡蘿蔔蘋果豆漿……37
草莓豆漿……41
黑芝麻蘆筍豆漿……41
小松菜黑棗豆漿……47
核桃豆漿……53
蘆筍香瓜豆漿……56
綠花椰柳丁豆漿……62
香蕉芝麻豆漿……74
鳳梨豆漿……77
金桔菠菜豆漿……83
哈密瓜豆漿……101

3種常見製作果汁的機器

果汁機、果菜汁機（蔬果調理機）蔬果調理機和壓榨器，是最普及的製作果汁機器。每種機器都各有優缺點，當你在購買、使用前，先看看以下的介紹，才能選擇一台最符合自己需求的機器。

用果汁機打蔬果汁

通通丟進去，一指搞定！

這是最常見、使用率最高的製作果汁機器。適合用來攪打纖維較細、質地較軟的蔬菜、水果，使用時要讓液體多些材更好攪打，像加入冷開水、豆漿、牛奶或其他液體一起攪打。

優　點：

1. 喝得到纖維，有利於排便，做好體內環保。

2. 可以整個水果放入攪打，完全不浪費。

3. 只要按一下開關就OK，不需多餘的動作。

4. 像酪梨、南瓜、秋葵這類帶有黏性的食材，可以在加入液體的狀況下攪打。

缺　點：

1. 無法自動過濾殘渣、需以濾網或紗布過濾。

2. 有些食材如葡萄、柳丁、葡萄柚等有籽、果皮的水果，必須花時間處理。

3. 因加入其他液體材料，並非百分之百原汁。

使 用 重 點：

1. 需將胡蘿蔔、小黃瓜、白蘿蔔等較硬的蔬果切成薄片狀，最先放入果汁機中。因果汁機最底能接觸到刀片，所以先放處理好的硬食材薄片。

2. 葉菜類最後放入，放在最上面。像萵苣、高麗菜、白菜等都要先切成小片，最後再放入。

3. 一定要加入液體。果汁機必須加入液體才能攪打，像冷開水、牛奶、豆漿、養樂多等都是常用的液體。

4. 最後再加入調味品。通常是在攪打完成後再加入蜂蜜、檸檬汁、果糖或鹽等調味品，如果一開始就加入一起攪打，會失去調味功效。

果汁機最大特點

葡萄100克
＋
枇杷50克
＋
冷開水100c.c.
＝

果汁250c.c.

加入多少食材，就能打成等量的蔬果汁！

用果菜汁機打蔬果汁

渣汁分離，大忙人的最愛！

喝果汁是忙碌現代人吸收營養最快的方法，果菜汁機（食物調理機）渣汁分離的特色，讓許多人更方便就能喝蔬果汁了。適合食物纖維較粗、較硬的蔬果。

優　點：

1. 可渣汁分離，省去以濾網或紗布過濾的時間。
2. 可連同食材的皮、籽一起攪打，省去處理的時間。
3. 不需加入水或液體，喝得到百分之百的營養素。

缺　點：

1. 無法攝取到食物纖維，不建議有便秘者使用這種機器製作果汁。
2. 每台機器的食材投入口大小不一，處理食材時必須遷就投入口的大小。
3. 要注意放入食材的速度，避免連續放太多而將刀片口堵塞。

使 用 重 點：

1. 必須依照果菜汁機口切食材。每個品牌的果菜汁機投入口大小不一，處理食材時要注意。
2. 放入蔬菜類時要稍微壓。蔬菜葉大多是片狀，放入投入口後需要往下壓，菜葉才能順利接近刀口。
3. 前面的食材進入刀口才能繼續放新食材。如果全部食材一次放入會阻塞，刀片無法順利運轉。

用果汁機打果汁的最大不同

菠菜100克
+
綠花椰菜100克
=
130c.c.

因為食材中的纖維被分離，完成的蔬果汁量會比食材總量少！

用壓搾器壓出果汁

最便宜的機器，喝果汁不花錢！

有分成手動和電動兩種。通常是用在柑橘類，如柳丁、葡萄柚、檸檬等。手動式較費力，而電動式的較省力，更能充分壓出汁液。

優　點：

1. 電動的壓汁速度快，毫不費力。
2. 比起果汁機和果菜汁機便宜，容易購得。

缺　點：

蓋上有細縫，比較不容易清洗。

使 用 重 點：

1. 將柑橘類水果蒂頭朝上，以刀子橫剖成兩半，較容易壓出汁。
2. 取一半水果放在自動壓搾器上，要左右扭動水果，汁液會比較容易流出。

【同場加映】最夯果汁機！！
3匹馬力多功能調理機

目前市面上最新的果汁機，就是有3匹馬力的多功能調理機。它和一般果菜汁機最大的不同，在於以更強而有力的3匹馬力刀片旋轉速度，將食材完全攪打散，甚至沒有食物殘渣，更不需濾渣，使食物的營養能完全被吸收，很適合做精力湯。它沒有一般果菜汁機將食物殘渣瀝出丟掉的浪費，也不像傳統果汁機仍吃得到殘渣的不爽口，是愛喝果汁、精力湯的人的最新選擇。

8個讓果汁更好喝的訣竅

製作蔬果汁雖然簡單，但要好喝，可是有訣竅的。只要遵守以下幾個原則，你的蔬果汁將更美味好喝。

1 使用新鮮有機蔬果

市售的蔬菜、水果大都以農藥加速其生長，即使用清水清洗，仍有殘餘之嫌。為免吃進農藥，建議大家購買有機的蔬菜、水果打汁，即使甜度沒那麼高，但吃得營養比什麼都重要。

2 選用當季的蔬果

現在到處充斥進口蔬果，似乎一年四季都吃得到各種水果，但你要注意，若非當季蔬果，可能吃到的都是冷凍水果。建議打果汁最好使用當季水果，像冬天的草莓、橘子、柳丁、夏天的西瓜、火龍果、芒果等，還有避免使用水果罐頭。

3 使用2種以上的蔬果

僅用1種水果、蔬菜製作的果汁雖也營養，但何不多加幾種蔬果，一次就能多攝取到更多營養？

4 挑選熟成的食材

蔬果熟成後才是最佳的品嚐時機，本身的甜度才夠。所以夏天黃澄澄的芒果、冬天鮮紅的草莓、顏色鮮豔的甜椒、果肉鮮紅多汁的西瓜等，打出來的蔬果汁才會營養好喝。

5 除了冷開水，可換成鮮奶、豆漿、可爾必思等液體

通常製作蔬果汁不是純蔬果，就是加入冷開水，除了上述兩種選擇外，平日常喝的鮮奶、豆漿、養樂多等，都是搭配打蔬果汁的良伴。

6 利用自然的甜度

如果你希望藉由每天喝蔬果汁來攝取營養，建議除了蔬菜、水果這些天然食材外，盡量不要加入人工調味品。如果真的想加些調味，可試試天然的蜂蜜。

7 完成後盡量馬上飲用

當蔬果汁製作完成後，為了避免蔬菜、水果因接觸到空氣，或者在果汁機內預熱產生化學變化、變質，建議一製作完成馬上喝下肚，才能喝到最營養的果汁。

8 每天喝1～2杯

那究竟一天要喝多少果汁才行呢？建議你一天喝1～2杯不同的蔬果汁，就能攝取到營養。另外，在喝蔬果汁的同時，別忘了仍要多吃生或熟食天然蔬果。

10個打好蔬果汁的Q&A

製作蔬果汁看似簡單，但許多人仍抱有不少小疑問。你知道大家常見的疑問有哪些？

Q1：可以使用冷凍蔬果、罐頭水果嗎？

A1：通常保存在常溫中的蔬果是最營養的，最適合打蔬果汁。冷凍蔬果經過低溫冷凍保存，多已失去水份，營養減少。而罐頭蔬果已經調味，幾乎沒有營養了。

Q2：新鮮蔬果汁和一般市售的100%純果汁一樣嗎？

A2：市售的盒裝、罐裝100%純果汁雖標榜含有果肉，但仍有一些化學添加物、香料等等，這和自己親手打的蔬果者不同。在營養成分上，當然是新鮮蔬果汁最好。

Q3：一次該製作多少的量？

A3：建議每天喝1～2杯，每杯量為200～250c.c.。每天可喝不同種類食材的果汁，不僅不會膩，還能攝取到多種營養素。

Q4：喝果汁會胖嗎？

A4：水果本身有甜度，所以含有果糖。果糖能產生身體所需的能源，和一般食物一樣，若攝取過多同樣會發胖。水果含有更多的礦物質和多種維他命，營養素較多。如果怕胖的話，可用半量的水果加上半量的蔬菜製作蔬果汁，就不怕發胖了。

Q5：若以果汁機製作，需加入多少的水或其他液體才好？

A5：利用果汁機打蔬果汁時，必須加入些許水才能攪打，應該加入的水量則需視食材的量而定。一般而言，最多可加入和食材相同量的水，最多可達2倍，可依個人口感稍做變化。

Q6：利用果汁機製作蔬果汁時，若有多種材料，有放入的先後順序嗎？

A6：若材料包含了多種蔬果，可先將胡蘿蔔等較硬的蔬果切成薄片，先放入果汁機中，再依序放入其他材料，最後再放入葉菜類即可。

Q7：有人說打蔬果汁要加入冰塊，為什麼？

A7：打果汁加入冰塊並非完全只是為了讓果汁更冰涼好喝，果汁在攪打的過程中機器會產生熱，這熱會使有些蔬果變質，所以打蔬果汁時，可加入些許冰塊降溫。

Q8：蔬果的纖維究竟應該吃下肚？還是丟棄？

A8：若吃下胡蘿蔔、綠花椰菜的粗纖維，會影響腸胃的蠕動、消化，這類含粗纖維的蔬果不適合吃下肚。其他蔬果的纖維若較細，可直接喝下，有助腸胃的蠕動、消化，以利排便。

Q9：打果汁時，攪打的時間需要多久？

A9：關於攪打的時間，和機器的轉速、材料大小、個人喜歡的口感有關。一般而言，可攪打約20秒，再視個別攪打情況而增減時間。

Q10：蔬果汁可以先製作好，置放一會後再飲用嗎？

A10：蔬果汁仍以新鮮的為最佳！蔬果汁最好不要事先打好，其中的維他命B群、C等營養素會因時間而流失，營養成分不若剛打好馬上喝來得高。

7個蔬果汁的最佳配角

製作蔬果時，除了加入冷開水，還可換成鮮奶、優酪乳、優格、豆漿、蘇打水等液體材料，讓蔬果汁選擇性更大。此外，這裡教你兩種無糖豆漿DIY法，只要利用電鍋或果汁機就能做，完成的份量適合一般家庭飲用。

鮮奶：
蔬果汁的最佳配角之一。鮮奶含有豐富的蛋白質、鈣質，可以用來取代一般冷開水來製作蔬果汁，攝取到的營養更加倍。市售鮮奶的種類多，高蓋鮮奶適合需補充鈣質的人，低脂鮮奶則適合減肥中的人飲用。

豆漿：
這裡製作蔬果汁使用的豆漿，是指無糖豆漿，即清漿。豆漿含有維他命B群、蛋白質，加上含脂肪量少，是減肥中的人的最佳蛋白質來源。無糖豆漿有市售的，但你也可參照p.13自己製作豆漿。

優酪乳：
這裡使用的是原味無糖優酪乳。優酪乳含有乳酸酸，可幫助消化蛋白質和脂肪，增加腸胃的蠕動，有利於排便。但注意市售的優酪乳其實含的熱量和糖份不低，因此建議選擇原味無糖的優酪乳。

優格：
這裡用的是無糖原味優格。一般優格含有過多的糖和其他添加物，熱量不低，建議使用低脂、無糖優格。

養樂多：
養樂多是小朋友們最喜歡的飲料之一。所含的菌可幫助腸胃消化，加強體內的新陳代謝。但注意養樂多甜度頗高，避免多飲用。

蘇打水：

蘇打水無色無味，帶有氣泡，是碳酸飲料的一種。果汁中加入蘇打水，可使果汁喝起來更爽口。

可爾必思：

可爾必思是日本人發明的常溫乳酸飲料，喝起來酸酸甜甜。但其熱量不低，偶爾取代冷開水調配果汁，可使蔬果汁口味更豐富。

豆漿DIY

電鍋做豆漿

材 料　黃豆60克、冷開水600c.c.

做 法

1. 將黃豆放入盆中，倒入適量的水泡6個小時，水需漫過黃豆。
2. 在做法1.盆中，以雙手搓黃豆表皮，使表皮的膜脫落。
3. 將黃豆、600c.c.水倒入電鍋的內鍋，外鍋倒入1杯水，按下開關，煮至開關跳，整鍋倒入果汁機中攪打即成。

MEMO

黃豆表皮的膜已經搓揉掉，所以煮好的豆漿不需再過濾即可飲用，相當方便。

果汁機做豆漿

材 料　黃豆100克、冷開水1,200c.c.

做 法

1. 將黃豆放入盆中，倒入適量的水泡6個小時，水需漫過黃豆。
2. 將黃豆、1,200c.c.水倒入果汁機中攪打均勻。
3. 將攪打好的生豆漿先過濾，再倒入鍋中煮熟，待放涼後即成。

常見蔬菜水果聰明保存

製作蔬果汁的食材當然越新鮮越好，但若有未使用完的蔬菜、水果該怎麼保存才不會腐敗呢？如何保存才能使食材維持在最新鮮的狀態？通常蔬菜、水果若在1～2天內吃完，可放在室溫陰暗處，但若想要保存久一點，可用報紙包好放入冰箱冷藏保存。

菜葉類：

· 菠菜、空心菜、油菜、青江菜：稍微清洗後直接放入密封袋中冷藏保存，冬天可放在室內陰暗處。

根莖類：

· 白蘿蔔、胡蘿蔔：切掉葉子、根部後直接冷藏保存。也可放在室溫陰暗處保存，但時間較不長。

· 胡蘿蔔、牛蒡：先以濕的廚房紙巾包裹後再以報紙包好，放在室內陰暗處。

· 芋頭、地瓜等：夏天時放入冰箱冷藏保存，冬天可放在室內陰暗處。

· 洋蔥：將洋蔥放在網子裡，掛在通風較好的地方保存。也可放在室溫陰暗處保存。

· 蓮藕：以報紙包好後放入冰箱冷藏保存，若已經切過，則需包上保鮮膜，放入冰箱冷藏保存。

· 西洋芹：放入密封袋中入冰箱冷藏保存。

· 芹菜：可先摘除葉子，再放入密封袋中入冰箱冷藏保存。

其他蔬菜：

· 高麗菜、萵苣：將菜的芯取出，以濕的廚房紙巾包裹後放入冰箱冷藏保存，冬天可放在室內陰暗處。

· 小黃瓜、蘆筍：用紙包好後放入冰箱冷藏保存。

· 綠花椰菜、白花椰菜：放入冰箱冷藏保存。

· 小麥草：以密封袋密封，放入冰箱冷藏保存。

· 蘆筍：用紙包好後放入冰箱冷藏保存。

· 甜椒、青椒：用紙包好後放入冰箱冷藏保存。

柑橘類：

- **橘子、柳丁、葡萄柚：**可整個放在室溫陰暗處保存，亦可切對半後包上保鮮膜，放入冰箱冷藏保存。
- **金桔：**放在室溫陰暗處保存。

瓜果類：

- **西瓜、香瓜、哈密瓜：**未食用前，可放在室溫陰暗處保存，若已切開，可包上保鮮膜，放入冰箱冷藏保存。
- **木瓜：**放在室溫陰暗處保存，若已切開，可挖掉籽和棉絮，包上保鮮膜，放入冰箱冷藏保存。
- **南瓜：**放在室溫陰暗處保存，若已切開，可挖掉籽則需包上保鮮膜，放入冰箱冷藏保存。

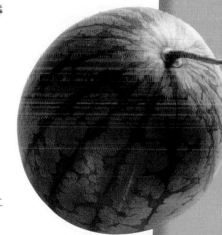

其他水果：

- **草莓、櫻桃、葡萄、藍莓：**放入密封袋中冷藏保存。
- **芭樂、香蕉：**放在室溫陰暗處保存。
- **芒果：**放在室溫陰暗處保存，若已經切過，放入冰箱冷藏保存。
- **蕃茄：**不要剝除蒂頭，直接整顆放入冰箱保存。
- **蘋果：**放在室溫陰暗處保存，若已切開，可泡點鹽水或抹點鹽，包上保鮮膜放入冰箱冷藏。
- **奇異果、枇杷：**放入冰箱冷藏保存。
- **鳳梨：**放在室溫陰暗處保存，若已切開，需包上保鮮膜放入冰箱冷藏保存。
- **水蜜桃、火龍果：**放入冰箱冷藏保存。
- **酪梨：**包上報紙後放入冰箱冷藏保存。

其他食品：

- **鮮奶、優酪乳、優格：**放入冰箱冷藏保存。
- **豆腐：**瀝乾水份，放入冰箱冷藏保存。
- **穀類、核果類：**放在室溫陰暗、不潮濕處保存。

Part
1

你是哪一種人？
不同的行業就要喝不一樣的果汁
你是個一天到晚忙得昏頭轉向的上班族？還是白天休息晚上工作的SOHO夜貓族？還是家裡有每天熬夜努力的考生？或是不喜歡蔬果的小朋友、不管你是誰，1天1杯果汁，都能喝果汁補充體力和健康。

西洋梨蘋果汁
Pear & Apple Juice

恢復體力

材 料
西洋梨1個、蘋果1個、冷開水100c.c.、檸檬汁1大匙

做 法
1. 西洋梨、蘋果都削除外皮，取出果核，切成適當大小。
2. 將西洋梨、蘋果和冷開水倒入果汁機中攪打，加入檸檬汁即成。

MEMO
以鮮奶取代冷開水，則不需加入檸檬汁。

▶喝這個最健康◀

西洋梨中含的天然果糖和葡萄糖，是能迅速提供健康活力的營養素，有效幫助消除倦容。

蘆筍白芝麻牛奶
Green Asparagus & Sesame Seeds Milk

恢復體力、安定精神

材 料
綠蘆筍1把、白芝麻2小匙、檸檬汁2小匙、脫脂牛奶1大匙、冷開水200c.c.

做 法
1. 蘆筍洗淨後切除根部較硬的部分，再切成適當長段。
2. 白芝麻磨成粉。
3. 將蘆筍、白芝麻、檸檬汁、牛奶和冷開水倒入果汁機中攪打即成。。

MEMO
1. 建議購買較嫩的蘆筍，若買到的蘆筍較老，需將蘆筍外皮削除。
2. 亦可加入少許蜂蜜調味。

▶喝這個最健康◀

芝麻中含有菸鹼酸，具有安定神經的功效。人體若缺乏菸鹼酸，神經會失衡，只有常吃芝麻才能滋補神經系統，安定精神。

萵苣蘋果汁
Lettuce & Apple Juice

對抗失眠

材 料
蘋果1個、萵苣200克、西洋芹1根、蜂蜜1/2大匙、檸檬汁1大匙

做 法
1. 蘋果削除外皮，切成片狀。
2. 萵苣洗淨後切一口大小。西洋芹洗淨後切薄片。
3. 將蘋果、萵苣和西洋芹放入果菜汁機中榨成汁，倒出汁液，加入蜂蜜、檸檬汁拌勻即成。

MEMO
除了蜂蜜，還可以改加入富含鈣質的楓糖漿來喝。

▶喝這個最健康◀

萵苣含有維他命A、B1、B2、C、鈣、磷、鐵、纖維質等營養素，能安定神經、穩定焦躁情緒，對神經疲勞與失眠都有效。

葡萄牛奶
Grapefruit Milk

消除疲勞

材 料
巨峰葡萄100克、鮮奶100c.c.、果糖2小匙

做 法
1.葡萄洗淨後切對半，將籽挑出。
2.將葡萄、鮮奶倒入果汁機中攪打，加入果糖拌勻即成。

MEMO

▶喝這個最健康◀

葡萄能迅速轉化葡萄糖，使身體消除疲勞。

萵苣蘋果汁

洋梨蘋果汁

葡萄牛奶

蘆筍白芝麻牛奶

木瓜芝麻牛奶
Papaya & Sesame Seeds Milk

提振精神

材料
木瓜1/4個、鮮奶150c.c.、白芝麻醬1小匙、蜂蜜2小匙

做法
1. 木瓜削除外皮後取出籽,切成一口大小。
2. 將木瓜、白芝麻和鮮奶倒入果汁機中攪打,加入蜂蜜拌勻即成。

MEMO
1. 可以使用無糖原味優酪乳取代鮮奶。
2. 若買不到白芝麻醬,可將1小匙白芝麻磨成粉來使用。

・喝這個最健康

木瓜含豐富的糖分、蛋白質、脂肪、維他命A、C等營養素,其中維他命C可提振精神。

胡蘿蔔柳丁牛奶
Carrot & Orange Milk

恢復體力

材料
胡蘿蔔1根、柳丁1/2個、鮮奶150c.c.、蜂蜜適量

做法
1.胡蘿蔔洗淨後切成條狀。
2.柳丁去皮剝成一瓣瓣,撕掉薄膜,取出籽。
3.將胡蘿蔔、柳丁倒入果菜汁機中攪打,倒出汁液,加入鮮奶、蜂蜜拌勻即成。
　柳丁也可不撕薄膜。

MEMO

・喝這個最健康

胡蘿蔔和柳丁都是常見的蔬果,其中所含豐富的維他命C,是疲勞上班族迅速恢復體力的良藥。

柳丁芒果優酪乳
Orange & Mango Yogurt Dressing

增進食慾

材料
柳丁1個、芒果1/2個、檸檬汁1大匙、無糖原味優酪乳100c.c.

做法
1. 柳丁每個切成4份，去皮剝成一瓣瓣，撕掉薄膜，取出籽。
2. 芒果削除外皮，取出果核，切成適當大小。
3. 將柳丁、芒果、優酪乳和檸檬汁倒入果汁機中攪打即成。

MEMO
柳丁、芒果和優酪乳都帶酸甜味，只要柳丁和芒果的甜度夠，就是一杯超受歡迎的果汁。

▪ 喝這個最健康

檸檬、柳丁和芒果都是含高維他命C的水果，加上帶酸味，可促進食慾，增強體力。

木瓜香蕉牛奶
Papaya & Banana Milk

預防感冒

材料
木瓜1/2個、香蕉1/2根、鮮奶150c.c.

做法
1. 木瓜削除外皮後取出籽，切成一口大小。
2. 香蕉剝除外皮後切成一口大小。
3. 將木瓜、香蕉和鮮奶倒入果汁機中攪打即成。

MEMO
香蕉可挑較軟，果皮上有淡褐色斑點，聞起來有濃濃香味的較佳。

▪ 喝這個最健康

糖質是香蕉主要的營養素之一，吃了很快消化，易被人體吸收，有飽足感，能迅速補充體力。鮮奶含高蛋白質，可增強體力。

鳳梨柳丁汁
Pineapple & Orange Juice

活力充沛

材 料
柳丁2個、鳳梨150克、嫩豆腐100克、冷開水100c.c.

做 法
1. 鳳梨、嫩豆腐切成一口大小。
2. 柳丁每個切成4份，去皮剝成一瓣瓣，撕掉薄膜，取出籽。
3. 將鳳梨、豆腐和柳丁、冷開水倒入果汁機中攪打即成。

MEMO
因為加入了嫩豆腐一起攪打，喝起來感覺很像豆花，沒喝過的人可以試試。

‧喝這個最健康

柳丁含有豐富的維他命C，是增加免疫力、保持體力不可或缺的水果。

高麗菜蘆薈汁
Cabbage & Aroe Juice

保健腸胃

材 料
高麗菜100克、冷開水50c.c.、蘆薈30克、檸檬汁少許

做 法
1. 高麗菜洗淨後切適當大小。
2. 蘆薈洗淨，削除小刺和外皮，連皮切成小塊。
3. 將高麗菜、蘆薈和冷開水倒入果汁機中　攪打，倒出汁液，加入檸檬汁拌勻即成。

MEMO
因為蘆薈連皮一起入果汁機中攪打，需仔細清洗。削除小刺時注意不要傷到手。

‧喝這個最健康

蘆薈含有蘆薈素，能促進胃液分泌，使腸胃易於蠕動，增進食慾，提高消化能力，對胃病及胃潰瘍極具療效。

柳丁橘子汁
Orange & Tangerine Juice

提振食慾

材料
橘子2個、柳丁1個、葡萄柚1/2個

做法
1. 柳丁、橘子和葡萄柚都切成4份，去皮剝成一瓣瓣，撕掉薄膜，取出籽。
2. 將柳丁、橘子和葡萄柚倒入果汁機中攪打即成。

MEMO
這道果汁也可以用壓榨器製作。

·喝這個最健康

這道果汁喝起來酸酸甜甜，最適合炎熱的夏天或食慾不佳時飲用，還可吸收超多的維他命C。

香蕉鳳梨汁
Banana & Pineapple juice

提振食慾

材料
香蕉1根、鳳梨60克、冷開水100c.c.、冰塊適量

做法
1. 香蕉剝除外皮後切成一口大小。
2. 鳳梨削除外皮後切成一口大小。
3. 將香蕉、鳳梨和冷開水、冰塊倒入果汁機中攪打即成。

MEMO
鳳梨帶酸，可防止香蕉在打汁過程中養化變黑。

·喝這個最健康

可加入適量的冰塊，避免攪打過程中因溫度升高導致香蕉、鳳梨變質或果汁變黑色。

疲勞的上班族

青江菜蘋果汁
Bokchoy & Apple Juice

解宿醉、解酒

材 料
青江菜40克、冷開水100c.c.、青蘋果1個、薑泥1大匙

做 法
1. 青江菜洗淨，青蘋果削除外皮後都切成一口大小。
2. 薑磨成泥。
3. 將青江菜、青蘋果和冷開水倒入果汁機中攪打，加入薑泥拌勻即成。

MEMO
如果不喜歡菜和薑的味道，可以多加入一些蘋果攪打，喝來較順口。

▸ 喝這個最健康

蘋果含大量水份，可有效緩解酒後的頭痛症狀。

鳳梨白菜汁
Pineapple & Chinese Cabbage Juice

減緩宿醉的頭痛

材 料
鳳梨150克、白菜30克、冷開水100c.c.、檸檬汁2小匙

做 法
1. 白菜洗淨後切成一口大小。
2. 鳳梨削除外皮後切成一口大小。
3. 將白菜、鳳梨和冷開水倒入果汁機中攪打，加入檸檬拌勻即成。

MEMO
如果鳳梨夠甜，不需加入任何糖，加入些許冰塊就很好喝。

▸ 喝這個最健康

鳳梨和白菜都含有水份，可有效緩解酒後的頭痛症狀。

萵苣芹菜汁
Lettuce & Celery Juice

不再失眠

材料
萵苣200克、芹菜1根、冷開水100c.c.

做法
1. 萵苣洗淨後切一口大小。
2. 芹菜摘除葉子後洗淨,可削除外皮粗纖維,切小段。
3. 將萵苣、芹菜和冷開水倒入果汁機中攪打即成。

MEMO
這裡用的不是西洋芹,是傳統的芹菜,蔬菜味較重。

‧喝這個最健康
萵苣含有豐富葉綠素,可以淨化血液、鎮靜神經和安眠的功效,是天然的安眠聖品。

鳳梨汁
Pineapple Juice

不再失眠

材料
帶皮鳳梨100克、冷開水50c.c.、檸檬汁1小匙

做法
1. 將鳳梨連皮、冷開水放入果汁機中攪打。
2. 加入檸檬汁即成。

MEMO
如果覺得鳳梨連皮很難切,可請攤販先將鳳梨切好,並將切下的鳳梨皮帶回即可。

‧喝這個最健康
鳳梨中含的維他命B1,可以改善失眠的症狀。鳳梨皮含有酵素,可安定神經。

草莓白蘿蔔汁
Strawberry & Chinese Radish Juice

緩解酒後頭痛

材 料
草莓120克、白蘿蔔20克、蘋果1個、冷開水80c.c.

做 法
1. 草莓洗淨後剝除蒂頭，對切一半。
2. 白蘿蔔、蘋果洗淨後削除外皮，都切成一口大小。
3. 將草莓、白蘿蔔、蘋果和冷開水倒入果汁機中攪打即成。

MEMO
因為白蘿蔔不多，其他食材一起倒入果汁機中攪打即可，不需再過濾。

•喝這個最健康►
白蘿蔔本身含水份，能促進酒精代謝，預防發生宿醉。

西瓜鳳梨汁
Watermelon & Pineapple Juice

解宿醉

材 料
西瓜150克、鳳梨50克、香蕉1/2根、冷開水50c.c.

做 法
1. 西瓜取果肉，需留下果肉和西瓜皮間那層白色果肉，去除籽後切成一口大小。
2. 鳳梨削除外皮，香蕉剝除外皮，都切成一口大小。
3. 將西瓜、鳳梨、香蕉和冷開水倒入果汁機中攪打即成。

MEMO
西瓜果肉和西瓜皮間那層白色果肉，對解宿醉很有效果，以刀取果肉時要小心留下此部分。

•喝這個最健康►
西瓜含有大量的水份，對解酒有很大的助益。

綜合蔬菜汁
Vegetables Juice

材 料
西洋芹1根、胡蘿蔔100克、菠菜40克、冷
開水100c.c.、檸檬汁2小匙

做 法
1. 西洋芹洗淨後切薄片。胡蘿蔔洗淨後切
   成條狀。
2. 菠菜洗淨後切適當長度。
3. 將西洋芹、胡蘿蔔、菠菜和冷開水倒入
   果汁機中攪打，以濾網過濾出汁液，加
   入檸檬汁拌勻即成。

MEMO
若想連纖維都一起吃，可不過濾直接飲用。

▶ **喝這個最健康**
這杯蔬果汁中可攝取多種維他命，讓疲憊的人早
起就有好氣色。

蕃茄汁
Tomato Juice

給你好氣色

材 料
蕃茄150克、冷開水100c.c.、胡椒鹽
少許、檸檬汁1/2小匙、墨西哥辣椒醬
（Tabasco）適量

做 法
1. 蕃茄洗淨後剝除蒂頭，先切成6等分，
   再切成一口大小。
2. 將蕃茄、冷開水和胡椒鹽倒入果汁機
   中攪打，加入檸檬汁、墨西哥辣椒醬
   拌勻即

MEMO
墨西哥辣椒醬（Tabasco）只是增味，可
不加入。

▶ **喝這個最健康**
蕃茄中含有維他命A、C和多種營養素，讓你
即使加班再辛苦，第二天迅速恢復體力，有好
臉色。

毛豆葡萄柚優酪乳
Green Soybean & Grapefruit Yogurt Dressing

給你好氣色

材 料
熟毛豆100克、無糖原味優酪乳70c.c.、葡
萄柚1/2個、蜂蜜2小匙

做 法
1. 葡萄柚切4等分，剝除外皮後將果肉剝
   成一瓣瓣，撕掉薄膜，取出籽。
2. 將毛豆外層薄膜剝掉。
3. 將毛豆、葡萄柚和優酪乳倒入果汁機中
   攪打，加入蜂蜜拌勻即成。

MEMO
若買不到新鮮毛豆，可利用超市販售的
冷凍毛豆。毛豆外層膜剝除方法可參照
p.29。

• 喝這個最健康
毛豆中含有豐富的維他命B群和其他營養素，可
幫助恢復精神。

葡萄柚優酪乳
Grapefruit Yogurt Dressing

給你好氣色

材 料
葡萄柚1個、大頭菜葉10克、無糖
原味優酪乳150c.c.、蜂蜜1大匙

做 法
1. 葡萄柚對半切開，以壓搾器壓
   出葡萄柚汁。
2. 大頭菜葉洗淨。
3. 將大頭菜葉和優酪乳倒入果汁
   機中攪打，倒入杯中，加入葡
   萄柚汁、蜂蜜拌勻即成。

MEMO
購買大頭菜時，可選擇連葉的，
大頭菜可煮湯或做涼拌菜，葉子
可打果汁。

• 喝這個最健康
柑橘類水果葡萄柚中的維他命C，可幫
助促進身體新陳代謝，恢復體力，隨
時保有好心情。

核桃杏仁甜椒汁
Walnut & Almond Sweet Pepper Juice

不掉髮、保持髮光澤

材料
核桃25克、杏仁20克、紅甜椒120克、
冷開水100c.c.

做法
1. 核桃、杏仁都切小塊。
2. 紅甜椒洗淨後剝除蒂頭，去除籽，切成一口大小。
3. 將核桃、杏仁、紅甜椒和冷開水倒入果汁機中攪打即成。

MEMO
也可用黃甜椒取代紅甜椒。

·喝這個最健康

想避免掉頭髮，含有蛋白質、維他命E和鐵等營養素和礦物質的核桃，是最佳的護髮食材。杏仁也含有維他命E，同樣可護髮。

毛豆豆漿
Green Soybean Soybean Milk

保持豐潤秀髮

材料
熟毛豆80克、無糖豆漿160c.c.、蜂蜜2小匙

做法
1. 毛豆煮熟。
2. 將毛豆外層薄膜剝掉。
3. 將毛豆、豆漿倒入果汁機中攪打，加入蜂蜜拌勻即成。

MEMO
如何快速剝除毛豆外層薄膜？可先準備一小盆清水，放入所有熟毛豆，以雙手搓洗毛豆，可輕鬆剝除薄膜。

·喝這個最健康

毛豆中的蛋白質，可維持頭髮正常生長。

疲勞的
上班族

胡蘿蔔蘋果薑汁
Carrot & Ginger Apple Juice

保健頭皮

材 料
胡蘿蔔200克、生薑10克、蘋果1個
做 法
1. 胡蘿蔔洗淨後切成條狀。
2. 蘋果削除外皮後切成一口大小。
3. 將胡蘿蔔、生薑和蘋果倒入果菜汁機
　中榨成汁，倒出汁液即成。

MEMO
胡蘿蔔利用果菜汁機榨出果汁相當方
便，直接將渣和汁分離，若想吃到渣，
建議可將全部食材倒入果汁機，然後加
入100c.c.冷開水攪打。

▶ 喝這個最健康
胡蘿蔔是吃含有豐富維他命A的食物，可預防
頭皮角質化。

蘋果芥藍菜汁
Apple & Leaf Mustard Juice

治療掉髮

材 料
蘋果3個、芥藍菜20克、冷開水100c.c.
做 法
1. 蘋果削除外皮後切成一口大小。
2. 芥藍菜洗淨後切成一口大小。
3. 將蘋果、芥藍菜和冷開水倒入果汁機
　中攪打即成。

MEMO
這道果汁中蘋果的份量較多，讓不喜歡
喝蔬菜汁的人也能快樂飲用。

▶ 喝這個最健康
芥藍菜是含有藥酸的深綠色蔬菜，與青江菜、
菠菜、小白菜等都一樣可防止掉頭髮。

核桃酪梨牛奶
Walnut&Avocado Milk

預防頭皮乾瑟

材料
核桃20克、酪梨1/2個、鮮奶180c.c.、黑芝麻粉1大匙、蜂蜜適量

做法
1. 核桃切小塊。
2. 酪梨洗淨後削除外皮，取出果核，切成一口大小。
3. 將核桃、酪梨和鮮奶倒入果汁機中攪打，加入黑芝麻粉、蜂蜜拌勻即成。

MEMO
除了核桃，還可加入其他如腰果、杏仁果、夏威夷豆等核果類一起攪打，更有營養。

·喝這個最健康·
多吃核桃，可防止頭髮乾澀、碎裂而斷掉。

香蕉柳丁豆漿
Banana & Orange Soybean Milk

保持髮質光澤

材料
香蕉1/2根、柳丁1個、無糖豆漿150c.c.

做法
1. 香蕉剝除外皮後切成一口大小。
2. 柳丁切成2等份，去皮剝成一瓣瓣，撕掉薄膜，取出籽。
3. 將香蕉、柳丁和豆漿倒入果汁機中攪打即成。

MEMO
香蕉帶有自然的香氣，適當的甜度使果汁不需再加糖，且喝果汁時邊聞得到香氣。

·喝這個最健康·
人若攝取的葉酸量不夠容易掉頭髮，柳丁就含有豐富的葉酸，是防止掉髮的好水果，其他柑橘類如柳丁、香瓜等亦有相同功效。

柚子檸檬汁
Pomelo & Lemon Juice

預防口臭

材料

黃色柚子1/2個、檸檬汁1大匙、蜂蜜1
大匙、冷開水120c.c.

做法

1. 柚子剝除外皮切成4份，剝成一瓣
   瓣，撕掉薄膜，取出籽。
2. 取柚子皮黃色的部分，切成細碎。
3. 將柚子果肉、皮碎和冷開水倒入果
   汁機中攪打，加入蜂蜜、檸檬汁拌
   勻即成。

MEMO

柚子黃色皮的部分需小心取下，切成
細碎。

• 喝這個最健康

柚子和檸檬可刺激分泌唾液，減少口腔內
的殘餘食物引起的口臭。

香瓜巴西里汁
Melon & Parsley Juice

保持口腔清爽

材料

香瓜200克、巴西里（Parsley）10克、檸檬
汁1大匙、冷開水100c.c.

做法

1. 香瓜削除外皮後取出籽，切成一口大小。
2. 巴西里洗淨。
3. 將香瓜、巴西里和冷開水倒入果汁機中攪
   打，加入檸檬汁拌勻即成。

MEMO

巴西里（Parsley）外型看起來有點像香菜，
有一股香味，在西餐或西點上多用來做裝
飾。新鮮的巴西里可以在花市或大一點的進
口超市中買到。

• 喝這個最健康

檸檬的酸味還可幫助分泌唾液，使口腔維持乾
淨。

窈窕
美麗
的女性

蕃茄蜂蜜汁
Tomato Honey Juice

好氣色

材料
蕃茄2個、冷開水150c.c.、蜂蜜2大匙

做法
1. 蕃茄洗淨後剝除蒂頭，先切成6等分，再切成一口大小。
2. 將蕃茄、冷開水倒入果汁機中攪打，加入蜂蜜拌勻即成。

MEMO
蕃茄要選外表熟紅、偏軟的，打成果汁才好喝。外表半青半橘、較硬的蕃茄較酸，適合烹調。

‧喝這個最健康

蕃茄具有抗氧化性，減少自由基的產生，使氣色變好。

酪梨蘆筍汁
Avocado & Green Asparagus Juice

防止老化

材料
酪梨1/2個、綠蘆筍2根、冷開水100c.c.、檸檬汁1大匙、蜂蜜1大匙

做法
1. 酪梨洗淨後削除外皮，取出果核，切成一口大小。
2. 綠蘆筍洗淨後切除根部較硬的部分，再切成適當長段。
3. 將酪梨、綠蘆筍和冷開水倒入果汁機中攪打，加入檸檬汁、蜂蜜拌勻即成。

MEMO
若買回的酪梨是深綠色的，可先放在室溫下5～10天變成咖啡色、軟，再放入冰箱冷藏保存。

‧喝這個最健康

蘆筍含有豐富的維他命C，可增強免疫力，預防老化。

窈窕美麗的女性

松子蕃茄汁
Pine Nuts & Tomato Juice

活化大腦

材 料
蕃茄1個、松子10克、檸檬汁適量、冷開水150c.c.

做 法
1. 蕃茄洗淨後剝除蒂頭，先切成6等分，再切成一口大小。
2. 將蕃茄、松子和冷開水倒入果汁機中攪打，加入檸檬汁拌勻即成。

MEMO
松子含油，這道蔬果汁完成後要盡早喝完，避免松子變質，影響蔬果汁的口味。

• 喝這個最健康
蕃茄含有纖維素、維他命C、蕃茄紅素、β胡蘿蔔素、維他命B1、B2以及鐵、鉀、鋅、鎂、硒等礦物質、膳食纖維，生吃熟食都很有營養。

香蕉杏仁汁
Banana & Almond Juice

永保青春

材 料
香蕉1/2根、杏仁粉1大匙、玉米粒50克、冷開水100c.c.、檸檬汁少許

做 法
1. 香蕉剝除外皮後切成一口大小。
2. 玉米粒洗後瀝乾水份。
3. 將香蕉、杏仁粉、玉米粒和冷開水倒入果汁機中攪打，加入檸檬汁拌勻即成。

MEMO
除了新鮮玉米粒，也可以用冷凍罐頭玉米粒取代。

• 喝這個最健康
杏仁含鈣、鎂，幫助抗老，延緩老化，使人永保青春。

白花椰西芹牛奶
Cauliflower & Celery Milk

永保青春

材料
白花椰菜50克、西洋芹1根、葡萄柚1/2個、鮮奶150c.c.、冷開水100c.c.、檸檬汁1小匙

做法
1. 白花椰菜分成小朵後洗淨，莖的部分再切適當大小。
2. 西洋芹摘除葉子後洗淨，切小段，葉子切適當大小。
3. 葡萄柚切成4份，剝成一瓣瓣，撕掉薄膜，取出籽。
4. 將白花椰菜、西洋芹、葡萄柚和冷開水倒入果汁機中攪打，以濾網過濾出汁液，加入鮮奶、檸檬汁拌勻即成。

MEMO
白花椰菜較硬，需切小朵後再放入果汁機中攪打，否則會卡住果汁機的刀片。

·喝這個最健康·
白花椰菜含有維他命和礦物質，能維持生理機能正常、抗老化。

蕃茄優酪乳
Tomato Yogart Dressing

延緩老化

材料
蕃茄1個、葡萄柚1/3個、無糖原味優酪乳50c.c.、冷開水100c.c.、檸檬汁1大匙

做法
1. 蕃茄洗淨後剝除蒂頭，先切成6等分，再切成一口大小。
2. 葡萄柚剝除外皮後將果肉剝成一瓣瓣，撕掉薄膜，取出籽。
3. 將蕃茄、葡萄柚和冷開水倒入果汁機中攪打，加入優酪乳、檸檬汁拌勻即成。

MEMO
葡萄柚也可以利用壓搾器壓擠出汁，但這樣吃不到纖維，可隨個人喜好選擇器具。

·喝這個最健康·
柑橘類的葡萄柚是最好的維他命C的來源，可以延緩細胞老化。

蘋果醋汁
Apple Vinegar Juice

養顏美容

材料
蘋果1個、冷開水200c.c.、蘋果醋2小匙、蜂蜜1大匙

做法
1. 蘋果削除外皮後切成一口大小。
2. 將蘋果、冷開水倒入果汁機中攪打,加入蘋果醋、蜂蜜拌勻即成。

MEMO
除了蘋果醋,還可以用其他水果醋取代,多喝醋,有助消化、恢復體力。

·喝這個最健康·
皮色越深的蘋果,表皮所含的抗氧化劑愈高,具有防止老化的功效。而所含的其他豐富營養素,還有養顏美容、維持優雅體態的效果。

柳丁甜椒汁
Orange & Sweet Pepper Juice

減肥

材料
柳丁2個、紅甜椒1個、冷開水100c.c.

做法
1. 柳丁每個切成4份,去皮剝成一瓣瓣,撕掉薄膜,取出籽。
2. 紅甜椒洗淨後剝除蒂頭,去除籽,切成一口大小。
3. 將柳丁、紅甜椒和冷開水倒入果汁機中攪打即成。

MEMO
1. 柳丁若用壓搾器擠壓出的柳丁汁,沒有含食物纖維,放入果汁機中攪打較能吃到全部的營養。
2. 除了紅甜椒,同樣也可使用黃甜椒,營養不變。

·喝這個最健康·
每100克的甜椒熱量只約25卡,且富含蛋白質、鈣、鈉、磷、鐵及維他命A、菸鹼酸、維他命C,以及膳食纖維、葉綠素等,是營養的減肥蔬果。

木瓜柳丁豆漿
Papaya & Orange Soybean Milk

清除宿便

材 料
木瓜100克、柳丁1個、無糖豆漿100c.
c.、檸檬汁1大匙

做 法
1. 木瓜削除外皮後取出籽，切成一口大小。
2. 柳丁每個切成4份，去皮剝成一瓣瓣，撕掉薄膜，取出籽。
3. 將木瓜、柳丁和豆漿倒入果汁機中攪打，加入檸檬汁拌勻即成。

MEMO
木瓜通常都是和鮮奶攪打成木瓜牛奶，偶爾換成豆漿，同樣是吃得更健康的好選擇。

‧喝這個最健康

木瓜含有木瓜酵素，可促進腸胃的蠕動，清除宿便。

胡蘿蔔蘋果豆漿
Carrot & Apple Soybean Milk

雙眸閃亮亮

材 料
胡蘿蔔60克、蘋果1個、無糖豆漿100c.
c.、檸檬汁2小匙、蜂蜜1小匙

做 法
1. 胡蘿蔔洗淨後切成條狀。
2. 蘋果削除外皮後切成一口大小。
3. 將胡蘿蔔、蘋果倒入果菜汁機中搾成汁，倒出汁液，加入豆漿、檸檬汁和蜂蜜拌勻即成。

MEMO
以市售無糖豆漿的濃稠度來說，是豆腐店賣的黃豆味最濃，其次是一般盒裝，可依各人喜好選擇。

‧喝這個最健康

胡蘿蔔中含有豐富的維他命A廣為人知，除有助於視力的維持，還可以緩解眼睛疲勞。

芭樂蜂蜜汁
Guava Honey Juice

減肥

材料
芭樂1個、蜂蜜2大匙、冷開水150c.c.、
鹽少許

做法
1. 芭樂洗淨後切小塊,挖掉中間軟的部
   分和籽。
2. 將芭樂、冷開水倒入果汁機中攪打,
   加入蜂蜜拌勻即成。

MEMO
芭樂籽不易消化,容易造成便秘,建議
挖掉中間軟的部分和籽。

• 喝這個最健康
我們常吃的泰國芭樂每100克約38卡,熱量
低,而且富含膳食纖維,推薦給嘗試減肥的
人。

柳丁黃瓜汁
Orange & Cucumber Juice

肌膚美白

材料
柳丁2個、小黃瓜70克、冷開水100c.c.、
蜂蜜1大匙

做法
1. 柳丁每個切成4份,去皮剝成一瓣瓣,
   撕掉薄膜,取出籽。
2. 小黃瓜洗淨後切片。
3. 將柳丁、小黃瓜和冷開水倒入果汁機
   中攪打,加入蜂蜜拌勻即成。

MEMO
如果不想吃柳丁的纖維,可先將柳丁以
壓榨器壓出柳丁汁,再和蜂蜜一起加入
小黃瓜汁拌勻。

• 喝這個最健康
小黃瓜的熱量低,還有蛋白質、脂肪、醣類、
纖維、鈉、鉀、鈣、鎂、磷、鐵、鋅等礦物質
和營養素,可當減肥蔬果食用。

小黃瓜奇異果汁
Cucumber & Kiwifruit Juice

肌膚美白

材料

小黃瓜1根、奇異果1/2個、葡萄柚1/2個、檸檬汁1小匙

做法

1. 小黃瓜洗淨後切小塊。
2. 奇異果削除外皮後切成適當大小。
3. 葡萄柚切4等分，剝除外皮後將果肉剝成一瓣瓣，撕掉薄膜，取出籽。
4. 將小黃瓜、奇異果和葡萄柚倒入果汁機中攪打，加入檸檬汁拌勻即成。

MEMO

這道果汁容易變色，製作完成後要盡快喝完。

· 喝這個最健康

小黃瓜和奇異果的維他命C含量都很高，可抗氧化、養顏美容。

胡蘿蔔蕃茄牛奶
Carrot & Tomato Milk

養顏美容

材料

胡蘿蔔50克、小蕃茄4個、鮮奶100c.c.、蜂蜜1大匙

做法

1. 胡蘿蔔洗淨後切成條狀。
2. 小蕃茄洗淨後剝除蒂頭，對切一半。
3. 將胡蘿蔔、小蕃茄倒入果菜汁機中攪打，取出汁液，加入鮮奶和檸檬汁、蜂蜜拌勻即成。

MEMO

胡蘿蔔的纖維較粗，通常都是利用果菜汁機壓搾出汁，或者以果汁機攪打後再過濾。

· 喝這個最健康

蕃茄的茄紅素具有抗氧化、減少自由基、預防皮膚老化的功效，但若加熱食用效果更加。

綠花椰奇異果汁
Broccoli & Kiwifruit Juice

永保年輕

材料

綠花椰菜100克、奇異果1個、葡萄柚1/2
個、檸檬汁2小匙

做法

1. 綠花椰菜分成小朵後洗淨，莖的部分
   再切適當大小。
2. 奇異果削除外皮後切成適當大小。
3. 葡萄柚切成4份，剝成一瓣瓣，撕掉薄
   膜，取出籽。
4. 將綠花椰菜、奇異果和葡萄柚倒入果
   菜汁機中攪打，倒出汁液，加入檸檬
   汁拌勻即成。

MEMO

買回來的綠花椰菜必須放入冰箱保存，
放在室溫下，整顆綠花椰菜會變成黃白
色。

・喝這個最健康

奇異果的維他命C是柳丁的2倍，鈣是葡萄柚的
2倍、蘋果的6倍、香蕉的4倍，還有其他多種
營養和纖維，可攝取到更多營養並有利排便。

蓮藕胡蘿蔔汁
Lotus Root & Carrot Juice

養顏美容

材料

蓮藕30克、胡蘿蔔30克、檸檬汁2小匙、
冷開水220c.c.、蜂蜜1大匙

做法

1. 蓮藕削除外皮後切成片狀。
2. 胡蘿蔔洗淨後切成片狀。
3. 將蓮藕、胡蘿蔔倒入果菜汁機中攪
   打，倒出汁液，加入冷開水、檸檬汁
   和蜂蜜拌勻即成。

MEMO

挑選蓮藕時，以外型短胖，其中長有許
多氣洞的較好。

・喝這個最健康

胡蘿蔔中維他命A，可維持上皮組織的正常形
態和機能，使皮膚狀況維持在最佳。

草莓豆漿
Strawberry Soybean Milk

養顏美容

材 料
草莓8個、無糖豆漿120c.c.、蜂蜜2小匙

做 法
1. 草莓洗淨後剝除蒂頭，對切一半。
2. 將草莓、豆漿倒入果汁機中攪打，加入蜂蜜拌勻即成。

MEMO
1 也可以用鮮奶取代無糖豆漿。
2. 這道草莓豆漿建議不要加入冷開水製作會較好喝。

• 喝這個最健康
草莓是最佳的美容水果，可使皮膚光滑有彈性。

黑芝麻蘆筍豆漿
Seasame Seeds & Green Asparagus Soybean Milk

延緩白髮、不掉髮

材 料
綠蘆筍3根、鳳梨40克、黑芝麻粉1大匙、無糖豆漿100c.c.、蜂蜜2小匙

做 法
1. 綠蘆筍洗淨後切除根部較硬的部分，再切成適當長段。
2. 鳳梨削除外皮後切成一口大小。
3. 將綠蘆筍、鳳梨、黑芝麻粉和豆漿倒入果汁機中攪打，加入蜂蜜拌勻即成。

MEMO
蘆筍可以挑長得長長直直，筍尖鱗片緊密的。

• 喝這個最健康
黑芝麻含有頭髮生長所需的必須脂肪酸和多種礦物質。

窈窕美麗的女性

葡萄柚甜椒汁

草莓橘子優格

香蕉蛋蜜汁

酪梨草莓牛奶

草莓橘子優格
Straberry & Tangerine Yogart

提高皮膚彈性

材料
草莓4個、橘子1個、巴西里（Parsley）適量、無糖豆漿100c.c.、原味無糖優格50克

做法
1. 草莓洗淨後剝除蒂頭，對切一半。巴西里清洗乾淨。
2. 橘子切成4份，去皮剝成一瓣瓣，撕掉薄膜，取出籽。
3. 將草莓、巴西里、橘子、豆漿和優格倒入果汁機中攪打即成。

MEMO
1. 剝掉橘子的白色筋再放入果汁機中攪打，喝起來會更順口。
2. 這道豆漿優格也可以放入微波爐稍微加熱飲用，再加入些許甜薄荷汁會更好喝。

•喝這個最健康
橘子屬於柑橘類，其所含的維他命C，能促進膠原增生，提高肌膚彈性。

葡萄柚甜椒汁
Grapefruit & Sweet Pepper Juice

美白抗斑

材料
葡萄柚1個、紅甜椒1/2個、蜂蜜1大匙、檸檬汁1大匙、冷開水180c.c.

做法
1. 葡萄柚切4等分，剝除外皮後將果肉剝成一瓣瓣，撕掉薄膜，取出籽。
2. 紅甜椒洗淨後剝除蒂頭，去除籽，切成一口大小。
3. 將葡萄柚、紅甜椒和冷開水倒入果汁機中攪打，加入檸檬汁、蜂蜜拌勻即成。

MEMO
無論是黃、紅甜椒，購買時要挑選顏色豔麗、沒有破損，而且形狀飽滿的為佳。

•喝這個最健康
甜椒含有豐富的維他命C和葉綠素，具有抗斑功效。

香蕉蛋蜜汁
Banana & Yolk Honey Juice

肌膚美白

材料
香蕉1根、蛋黃1/2個、鮮奶100c.c.、檸檬汁1/2大匙、蜂蜜1/2大匙

做法
1. 香蕉剝除外皮後切成一口大小。
2. 將香蕉、蛋黃和鮮奶倒入果汁機中攪打，加入檸檬汁和蜂蜜拌勻即成。

MEMO
若同時加入2～3塊冰塊一起攪打，就成了美味好喝的冰砂。

•喝這個最健康
香蕉含完整的營養素，可均衡攝取，使氣色更好。

酪梨草莓牛奶
Avocado & Strawberry Milk

減少皺紋

材料
酪梨1/2個、草莓60克、鮮奶200c.c.、檸檬汁少許、蜂蜜少許

做法
1. 酪梨洗淨後削除外皮，取出果核，切成一口大小。
2. 草莓洗淨後剝除蒂頭，對切一半。
3. 將酪梨、草莓和鮮奶倒入果汁機中攪打，加入檸檬汁、蜂蜜拌勻即成。

MEMO
雖然酪梨本身沒什麼味道，但加入酸甜的草莓和甜甜的蜂蜜，美味滿點。

•喝這個最健康
草莓含有維他命C，可促進膠原蛋白增生，減少皺紋產生。

蕃茄梅子粉汁
Tomato & Plum Powder Juice

消除煩躁、恢復體力

材 料
小蕃茄100克、梅子粉1小匙、冷開水200 c.c.

做 法
1. 小蕃茄洗淨後剝除蒂頭，切對半。
2. 將小蕃茄、冷開水倒入果汁機中攪打，加入梅子粉拌勻即成。

MEMO
小蕃茄顏色鮮紅，打成果汁顏色漂亮最吸引人。加入酸甜梅子粉，容易入口。

·喝這個最健康

蕃茄含有多種豐富的維他命和優質的膳食纖維，除了基本的增強抵抗力，還能促進排泄，有助體內環保。

蘆薈蛋蜜汁
Aroe & Yolk Honey Juice

消除煩躁、恢復體力

材 料
蘆薈20克、蛋黃1個、冷開水160c.c.、蜂蜜1小匙

做 法
1. 蘆薈洗淨，削除小刺和外皮，將肉切成小塊。
2. 將蛋黃、冷開水和蜂蜜倒入果汁機中攪打，加入蘆薈塊拌勻即成。

MEMO
蘆薈果肉透明，單吃沒什麼味道，但加入果汁中一起飲用，還可增加咀嚼感。

·喝這個最健康

蘆薈含有多達18種的氨基酸，能增強體力、維持成長、提供能量。

檸檬蛋蜜汁

Lemon & & Yolk Honey Juice

消除煩躁、恢復體力

材 料
蛋黃1個、冷開水200c.c.、檸檬汁1小匙、蜂蜜1大匙

做 法
1. 將蛋黃、冷開水倒入果汁機中攪打。
2. 加入檸檬汁、蜂蜜拌勻即成。

MEMO
選購檸檬時，可選外皮薄或稍軟一點的，比較容易壓榨出汁液。

喝這個最健康

檸檬富含維他命C、B和鈣等營養成分，其中的維他命C，可抗氧化和清除自由基，對於容易疲倦的人，喝檸檬汁可振作精神，使身體舒適。

香蕉南瓜汁

Banana & Pumpkin Juice

消除煩躁、緊張

材 料
南瓜100克、香蕉1根、冷開水150c.c.、蜂蜜2小匙

做 法
1. 南瓜取出籽後切成一口大小，放入蒸鍋中蒸熟，剝去外皮。
2. 香蕉剝除外皮後切成一口大小。
3. 將南瓜、香蕉和冷開水倒入果汁機中攪打，加入蜂蜜拌勻即成。

MEMO
南瓜蒸熟後，外皮擦拭乾淨，就可以連同外皮一起放入果汁機中攪打食用。

喝這個最健康

香蕉中的有色氨酸，是引起情感性精神障礙的基礎，吃香蕉能減少緊張、緩解壓力，讓人心情愉快。

蕃茄牛奶
Tomato Milk

消除煩躁、恢復體力

材 料
蕃茄50克、鮮奶200c.c.、果糖適量

做 法
1. 蕃茄洗淨後剝除蒂頭，切成一口大小。
2. 將蕃茄、鮮奶倒入果汁機中攪打，加入
   蜂蜜拌勻即成。

MEMO
可選用甜度高的小蕃茄，就可以不用加果
糖調味。

▶ 喝這個最健康◀
蕃茄中所含的天然色素茄紅素，可幫助身體抵抗
各種疾病，增強體力和耐力，降低生病的機率。

萵苣芹菜蘋果汁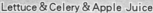
Lettuce & Celery & Apple Juice

恢復體力、消除壓力

材 料
萵苣50克、西洋芹1根、蘋果50克、冷開水150c.c.、
蜂蜜1大匙

做 法
1. 萵苣洗淨後切一口大小。西洋芹洗淨後切薄片。
2. 蘋果削除外皮後切成一口大小。
3. 將萵苣、西洋芹、蘋果和冷開水倒入果汁機中攪
   打，加入蜂蜜拌勻即成。

MEMO
蘋果仔細洗乾淨，可連皮一起放入果汁機中攪打。

▶ 喝這個最健康◀
萵苣含有維生素A、B1、B2、C、鈣、磷、鐵、纖維質等多種
營養素，可使人開胃增進食慾、消除煩悶，並且促進生長、
增強體力。

小松菜黑棗豆漿
Komatsuna & Plum Soybean Milk

恢復體力、消除煩躁

材料
小松菜50克、無籽黑棗5個、白芝麻粉1大匙、無糖豆漿120c.c.、冷開水60c.c.、蜂蜜適量

做法
1. 小松菜洗淨後，連同黑棗都切成一口大小。
2. 將小松菜、黑棗、白芝麻粉和冷開水倒入果汁機中攪打，加入豆漿、蜂蜜拌勻即成。

MEMO
1. 也可用鮮奶取代無糖豆漿。
2. 無籽黑棗一般在超市蜜餞區或南北貨店可買到，如果買到的是有籽的，使用前取出籽即可。

▸喝這個最健康◂

白芝麻含有脂肪、蛋白質，維他命B1、E，菸鹼酸、鈣、磷、鐵等多種營養素，加上其特殊香味可增進食慾，最適合補給熱量。

青椒紫蘇牛奶
Green Pepper & Perilla Frutescens Milk

消除煩躁、恢復體力

材料
青椒120克、蘋果20克、青紫蘇4片、檸檬汁2小匙、蜂蜜2大匙、鮮奶150c.c.

做法
1. 青椒洗淨後剝除蒂頭，去除籽，切成一口大小。
2. 紫蘇葉洗淨切碎。蘋果削除外皮切成一口大小。
3. 將青椒、紫蘇葉、蘋果和鮮奶倒入果汁機中攪打，加入蜂蜜、檸檬汁拌勻即成。

MEMO
紫蘇葉可至大型傳統市場或假日花市買到。

▸喝這個最健康◂

青椒中含有的維他命C，可以增加免疫力，促進人體有效抵抗壓力，使心情舒暢。

木瓜芝麻優酪乳
Papaya & Seasame seeds Yogart Dressing

消除壓力

材料
木瓜170克、白芝麻1小匙、無糖原味優酪乳
150c.c.、蜂蜜1大匙

做法
1. 木瓜削除外皮後取出籽，切成一口大小。
2. 白芝麻磨成粉
3. 將木瓜、白芝麻醬和優酪乳倒入果汁機中
   攪打，加入蜂蜜拌勻即成。

MEMO
選購木瓜時，可挑外皮顏色較橘紅，摸起來
較軟的，甜度夠，適合打果汁。

喝這個最健康
木瓜屬於含高維他命C的水果，是很強的還原劑，
可清除自由基，有效消除壓力。

香蕉黃豆粉牛奶
Banana & Soy Bean Powder Milk

消除壓力

材料
香蕉1根、黃豆粉2大匙、鮮奶160c.c.

做法
1. 香蕉剝除外皮後切成一口大小。
2. 將香蕉、黃豆粉和鮮奶倒入果汁機
   中攪打即成。

MEMO
黃豆粉也可在打成香蕉鮮奶後再加入
混合拌勻。

喝這個最健康
香蕉中含有大量的鉀，可幫助人體對抗壓
力，遠離煩躁。

葡萄柚枇杷汁
Grapefruit & loquat Juice

保護眼睛

材 料
粉紅葡萄柚1/2個、枇杷6個、蜂蜜1
大匙

做 法
1. 枇杷外皮輕輕剝除，取出果核，
   切成小塊。
2. 葡萄柚切成4份，剝成一瓣瓣，
   撕掉薄膜，取出籽。
3. 將枇杷、葡萄柚倒入果汁機中攪
   打，加入蜂蜜拌勻即成。

MEMO
若買不到粉紅果肉的葡萄柚，可用
一般葡萄柚代替。

• 喝這個最健康

維他命A對眼睛的水晶體、視網膜等有
保護的功能，而葡萄柚中富含的維他命
A，具有保護視力的功效。

芒果蕃茄汁
Mango & Tomato Juice

眼睛疲憊

材 料
芒果150克、小蕃茄80克、冷開水80c.c.、高麗菜20
克、檸檬汁1大匙

做 法
1. 芒果削除外皮，取出果核，切成適當大小。
2. 蕃茄洗淨後剝除蒂頭，切對半。高麗菜洗淨後切成
   一口大小。
3. 將芒果、蕃茄、高麗菜和冷開水倒入果汁機中攪
   打，加入檸檬汁拌勻即成。

MEMO
這裡的芒果可選用紅橘色的愛文芒果，肉較多、甜度
夠，適合打果汁。

• 喝這個最健康

芒果中含有的胡蘿蔔素，可保護視力，緩解眼睛的疲倦。

芒果木瓜汁
Mango & Papaya Juice

眼睛水汪汪

材 料
芒果150克、木瓜120克、冷開水100c.c.、檸檬汁1小匙

做 法
1. 芒果削除外皮，取出果核，切成適當大小。
2. 木瓜削除外皮後取出籽，切成一口大小。
3. 將芒果、木瓜和冷開水倒入果汁機中攪打，加入檸檬汁拌勻即成。

MEMO
芒果選用小顆的愛文芒果即可。

·喝這個最健康

木瓜、芒果都含有大量的β—胡蘿蔔素，在進入人體後會轉換成維他命A，可幫助眼睛適應光線、不乾澀。

山苦瓜奇異果汁
Kakorot & Kiwifruit Juice

保護視力

材 料
山苦瓜30克、鳳梨100克、蘋果40克、奇異果1/2個、冷開水100c.c.、蜂蜜2小匙

做 法
1. 奇異果、蘋果和鳳梨削除外皮後都切成適當大小。
2. 山苦瓜洗淨後對半切開，取出籽，挖掉棉絮，切成小塊。
3. 將山苦瓜、奇異果、蘋果、鳳梨和冷開水倒入果汁機中攪打，加入蜂蜜拌勻即成。

MEMO
1. 怕吃苦味的人，可將苦瓜剖開、挖去籽後，將白色棉絮刮掉即可。
2. 選購山苦瓜時，可選擇凸起顆粒狀較大的比較新鮮。

·喝這個最健康

苦瓜中所含維他命C的量是所有瓜類中的第一名。

蘋果胡蘿蔔薑汁
Apple & Carrot Ginger Juice

材 料

蘋果1個、胡蘿蔔1根、冷開水100c.c.、薑泥2小匙、蜂蜜2小匙

做 法

1. 蘋果削除外皮後切成一口大小。薑磨成泥。
2. 胡蘿蔔洗淨後切成條狀，放入果菜汁機中搾成胡蘿蔔汁。
3. 將蘋果、薑泥和冷開水倒入果汁機中攪打，倒出汁液，加入胡蘿蔔汁、蜂蜜拌勻即成。

MEMO

如果家中沒有果菜汁機，可將胡蘿蔔條、50c.c.冷開水倒入果汁機中攪打，再過濾出胡蘿蔔汁，但這就不是純汁。

・喝這個最健康

胡蘿蔔中的營養素維他命A有幫助眼睛製造淚液的功能，一旦缺乏維他命A，眼睛會乾澀，產生乾眼症或角膜軟化症，有礙視力。

高麗菜蘋果汁
Cabbage & Apple Juice

恢復視力

材 料

高麗菜80克、蘋果1個、小蕃茄100克、冷開水150c.c.

做 法

1. 高麗菜洗淨後切成適當大小。
2. 蘋果削除外皮後切成一口大小。小蕃茄洗淨剝除蒂頭，切對半。
3. 將高麗菜、蘋果、小蕃茄和冷開水倒入果汁機中攪打即成。

MEMO

在攪打過程中，可加入少許檸檬汁或鹽一起打，防止蘋果因氧化迅速變黑。

・喝這個最健康

高麗菜這種黃綠色蔬菜含有極豐富的維他命C，對全身健康有益。

酪梨蛋汁
Avocado & Egg Juice

增進腦力

材 料
酪梨1/2個、雞蛋1/2個、冷開水120 c.c.

做 法
1. 酪梨洗淨後削除外皮，取出果核，切成一口大小。
2. 將酪梨、雞蛋和冷開水倒入果汁機中攪打即成。

MEMO
買回來的整顆酪梨，可以先縱切對半，取出果核再削除外皮。

·喝這個最健康

有「森林中的奶油」之稱的酪梨，主要成分是植物性脂肪，另還有含鉀、單元不飽和脂肪酸等營養素，可降低血液中的膽固醇含量，預防老化。

藍莓香蕉牛奶
Blueberries & Banana Milk

保護視力

材 料
藍莓30克、葡萄柚1/2個、香蕉1/2根、鮮奶100c.c.

做 法
1. 藍莓洗淨。香蕉剝除外皮後切成一口大小。
2. 葡萄柚切4等分，剝除外皮後將果肉剝成一瓣瓣，撕掉薄膜，取出籽。
3. 將藍莓、葡萄柚、香蕉和鮮奶倒入果汁機中攪打即成。

MEMO
藍莓也可用桑椹代替，同樣都能保護眼睛。

·喝這個最健康

藍莓含有非常豐富的花青素，可強化眼睛的微血管壁，促進血液循環，維持正常血球壓力，能改善視力、緩解眼睛疲勞。

柳丁柿乾牛奶
Orange & Dry Persimmon Milk

眼睛不疲憊

材料
柳丁2個、柿乾30克、鮮奶100c.c.、檸檬汁1小匙

做法
1. 柳丁每個切成4份，去皮剝成一瓣瓣，撕掉薄膜，取出籽。
2. 柿乾取出果核後切成小塊。
3. 將柳丁、柿乾和鮮奶倒入果汁機中攪打，加入檸檬汁即成。

MEMO
柿乾的甜度較高，這道果汁不需加入糖來調味。

‧喝這個最健康
柿子含有β胡蘿蔔素，讓你擁有明眸且眼睛不易疲倦。

核桃豆漿
Walnut Soybean Milk

增進腦力

材料
核桃100克、售無糖豆漿200c.c.

做法
1. 核桃切成細碎。
2. 將核桃、豆漿倒入果汁機中攪打，至核桃變成極細碎即成。

MEMO
除了核桃，像白芝麻、黑芝麻、腰果、花生等核果類都可以加入。

‧喝這個最健康
核桃中含有大量的維他命和礦物質，其中維他命B1、B2、葉酸、泛酸等能消除大腦疲勞，有效提升腦力。

熬夜的
學生、SOHO族

蕃茄甜椒汁
Tomato & Sweet Pepper Juice

恢復視力

材料
紅甜椒150克、蕃茄1個、檸檬汁1小匙、果糖1大匙

做法
1. 紅甜椒洗淨後剝除蒂頭，去除籽，切成一口大小。
2. 蕃茄洗淨後剝除蒂頭，切成一口大小。
3. 將紅甜椒、蕃茄倒入果汁機中攪打，加入果糖、檸檬汁拌勻即成。

MEMO
也可用180克的小蕃茄取代蕃茄。

• 喝這個最健康

甜椒含有豐富的維他命C和β胡蘿蔔素，對眼睛更能形成防護網，幫助對抗白內障，保護視力。

香瓜汁
Melon Juice

增進腦力

材料
帶皮香瓜200克、銀杏粉1小匙、冷開水100c.c.

做法
1. 香瓜取出籽後、去皮，將果肉切成一口大小。
2. 將香瓜連皮、銀杏粉和冷開水倒入果汁機中攪打即成。

MEMO
銀杏粉本身較不容易攪散，建議連同香瓜一起放入果汁機中攪打，比較均勻。若最後才加入打好的香瓜汁中，會很難攪散。

• 喝這個最健康

香瓜含有豐富的醣類、維他命A、C、胡蘿蔔素等營養素，其中胡蘿蔔素能促進記憶力，增進腦力。

草莓胚芽優格
Strawerry & Acrospire Yogurt Dressing

增進腦力

材料
草莓100克、小麥胚芽粉1大匙、無糖原味優格160克、檸檬汁2小匙、蜂蜜適量

做法
1. 草莓洗淨後剝除蒂頭，對切一半。
2. 將草莓、小麥胚芽和原味優格倒入果汁機中攪打，加入檸檬汁、蜂蜜拌勻即成。

MEMO
小麥胚芽粉可在烘焙材料行、專賣穀類雜貨店中買到。

● 喝這個最健康

草莓是營養價值極高的水果，除了是美容聖品，其所含的胡蘿蔔素有抗氧化作用，可增進學習力。

藍莓優格奶
Blueberry Yogurt Milk

集中注意力

材料
藍莓50克、香蕉1/2根、無糖原味優格50c.c.、鮮奶50c.c.

做法
1. 香蕉剝除外皮後切成一口大小。
2. 藍莓洗淨後瀝乾水份。
3. 將香蕉、藍莓、優格和鮮奶倒入果汁機中攪打即成。

MEMO
1. 這是一杯較酸的果汁，不習慣太酸的人，可以加入約1大匙蜂蜜。
2. 若增加藍莓的量，果汁味道會愈酸。

● 喝這個最健康

藍莓含有的花青素除了可保護眼睛健康，防止視力受損，許多女性有的眼袋、黑眼圈都能有效消減。

蘆筍香瓜豆漿
Green Asparagus & Melon Soybean Milk

活化大腦功能

材料
綠蘆筍90克、香瓜50克、無糖豆漿120c.c.、冷開水50c.c.

做法
1. 蘆筍洗淨後切除根部較硬的部分，削除粗外皮，再切成適當長段。
2. 香瓜削除外皮後取出籽，切成一口大小。
3. 將蘆筍、香瓜和冷開水倒入果汁機中攪打，加入豆漿拌勻即成。

MEMO
若想自己製作豆漿，可參照p.13。

◆喝這個最健康▶

綠蘆筍中含的豐富的維他命A，有抗氧化作用，可幫助增進記憶力，活化大腦功能。

香蕉豆腐汁
Banana & Tofu Juice

增進腦力

材料
香蕉1根、嫩豆腐100克、冷開水100c.c.、蜂蜜1大匙

做法
1. 香蕉剝除外皮後切成一口大小。
2. 嫩豆腐擦乾水份後切小塊。
3. 將香蕉、豆腐和冷開水倒入果汁機中攪打，加入蜂蜜拌勻即成。

MEMO
除了嫩豆腐，也可用傳統豆腐、木棉豆腐。

◆喝這個最健康▶

香蕉是有色胺酸和維他命B6的最佳來源，幫助大腦製造血清素。大豆富含卵磷脂，能有效延緩腦力退化。

毛豆香蕉牛奶
Green Soybeans & Banana Milk

增進記憶力

材 料
熟毛豆100克、香蕉1根、黃豆粉1大匙、鮮奶150c.c.

做 法
1. 香蕉外皮擦乾淨，連皮切成一口大小。
2. 將毛豆外層薄膜剝掉。
3. 將毛豆、香蕉、黃豆粉和鮮奶倒入果汁機中攪打即成。

MEMO
如何煮毛豆呢？毛豆洗淨後以1大匙鹽搓揉，放入滾水中煮，待毛豆煮沸騰再煮5分鐘，撈出瀝乾水份放涼。。

·喝這個最健康
豆類中含有豐富的卵磷脂、各種維他命、礦物質、優質蛋白和必需胺基酸，有助於增強腦血管的機能，增進腦力。

香蕉青江菜汁
Banana & Bokchoy Juice

恢復體力

材 料
香蕉1根、鳳梨100克、青江菜50克、檸檬汁2小匙、冷開水100c.c.

做 法
1. 香蕉剝除外皮，連同青江菜都切成一口大小。
2. 鳳梨削除外皮後切成一口大小。
3. 將香蕉、青江菜、鳳梨和冷開水倒入果汁機中攪打，加入檸檬汁拌勻即成。

MEMO
鳳梨肉碰到水會釋放出鳳梨腖，使嘴巴有刺痛感，所以不要用水洗。

·喝這個最健康
香蕉含有多種營養素，而且香蕉容易被消化、吸收，能迅速補給均衡的營養。

熬夜的
學生、SOHO族

水蜜桃杏桃牛奶
Peach & Apricot Milk

精力充沛

材料
水蜜桃140克、杏桃乾30克、鮮奶100c.
c.、檸檬汁2小匙、蜂蜜1小匙

做法
1. 水蜜桃輕輕剝除外皮，對半切開，取
   出果核。
2. 杏桃乾切成小塊。
3. 將水蜜桃、杏桃乾和鮮奶倒入果汁機
   中攪打，加入檸檬汁、蜂蜜拌勻即
   成。

MEMO
1. 杏桃乾外表是橘色的，可在南北貨店
   或傳統市場中買到。
2. 亦可用水蜜桃罐頭取代新鮮水蜜桃。

▶ 喝這個最健康

水蜜桃和檸檬都含有大量維他命B1、B2和C，
身體疲倦時喝了，可幫助恢復體力，更有精
神。

南瓜牛奶
Pumpkin Milk

補充體能

材料
南瓜70克、冷開水80c.c.、鮮奶
50c.c.、果糖1大匙

做法
1. 南瓜取出籽後切成一口大小，
   放入蒸鍋中蒸熟，剝去外皮。
2. 將南瓜、鮮奶、冷開水倒入果
   汁機中攪打，加入果糖即成。

MEMO
鮮奶無論是全脂、低脂皆可選
用。

▶ 喝這個最健康

南瓜屬於澱粉類，在體內轉變成葡萄
糖。葡萄糖是大腦重要的養分，也能
迅速補充體力。

芒果牛奶
Mango Milk

增進體力

材 料
芒果70克、鮮奶170c.c.

做 法
1. 芒果削除外皮，取出果核，切成一口大小。
2. 將芒果、鮮奶倒入果汁機中攪打即成。

MEMO
建議使用吃起來較甜且果肉多的愛文芒果來打果汁。

・喝這個最健康

長期晚睡或熬夜易導致免疫力下降，芒果含維他命B群、A、C、E等營養素，能迅速補充體力。

蘋果杏桃汁
Apple & Apricot Juice

不易疲倦

材 料
蘋果1/2個、杏桃乾4個、冷開水100c.c.、胡蘿蔔30克、檸檬汁1大匙

做 法
1. 蘋果、胡蘿蔔削除外皮後都切成一口大小。杏桃乾切成小塊。
2. 將胡蘿蔔放入果菜汁機中搾成胡蘿蔔汁。
3. 將蘋果、杏桃乾和冷開水倒入果汁機中攪打，加入胡蘿蔔汁、檸檬汁拌勻即成。

MEMO
如果要連胡蘿蔔渣一起吃，可省略做法2.的步驟，直接將胡蘿蔔加入果汁機中一起攪打即可

・喝這個最健康

蘋果、檸檬的維他命C，可幫助補充體力，不易疲倦。

香蕉蘋果牛奶
Banana & Apple Milk

材 料
香蕉1根、蘋果40克、鮮奶180c.c.

做 法
1. 香蕉剝除外皮，蘋果削除外皮，都切成一口大小。
2. 香蕉、蘋果和鮮奶倒入果汁機中攪打即成。

MEMO
香蕉和蘋果都很容易氧化，打果汁時，可以稍微加一點點的鹽，避免顏色變黑。

▶ **喝這個最健康** ◀

香蕉除含有果糖和葡萄糖等醣類外，還有大量的鉀和鎂，鎂可使鈣發揮最大功用，幫助骨骼發展。蘋果則有可幫助消化的非水溶性纖維和維他命C，避免便秘。

草莓牛奶
Strawberry Milk

材 料
草莓70克、鮮奶180c.c.

做 法
1. 草莓洗淨後剝除蒂頭。
2. 將草莓、鮮奶倒入果汁機中攪打即成。

MEMO
市售的草莓容易殘存農藥，可將新鮮草莓放入鹽水或清水稍微浸泡，再放入果汁機中。

▶ **喝這個最健康** ◀

草莓含有大量的維他命C和豐富的有機酸，幫助小朋友增加身體的抵抗力。

南瓜柳丁優酪乳
Pumpkin & Orange Yogurt Dressing

材料

熟南瓜100克、柳丁1/2個、原味無糖優酪
乳200c.c.、檸檬汁1大匙、蜂蜜適量

做法

1. 南瓜取出籽後切成一口大小，放入蒸鍋
   中蒸熟，剝去外皮。
2. 柳丁對切一半後榨成汁。
3. 將南瓜、柳丁汁和優酪乳倒入果汁機中
   攪打，加入檸檬汁、蜂蜜拌勻即成。

MEMO

通常小朋友都喜歡吃甜的東西，可先加入
南瓜等營養食材，添加些許天然蜂蜜增加
甜度，每個小孩都喜歡。

·喝這個最健康

南瓜含豐富的鋅，幫助小朋友正常發育、促進
食慾，長得高又壯。

蕃茄葡萄柚優酪乳
Tomato & Grapefruit Yogurt Dressing

材料

蕃茄1個、葡萄柚1/2個、原味無糖優酪乳
100c.c.、檸檬汁1大匙

做法

1. 蕃茄洗淨後剝除蒂頭，切成一口大小。
2. 葡萄柚剝成一瓣瓣，撕掉薄膜，取出籽。
3. 將蕃茄、葡萄柚和優酪乳倒入果汁機中攪
   打，加入檸檬汁拌勻即成。

MEMO

可選擇比較紅且熟軟的蕃茄打汁。若覺得完
成的果汁太酸，可加入天然的蜂蜜調味。

·喝這個最健康

蕃茄內豐富的維他命能充分淨化血液，還能促進排
泄系統。葡萄柚含大量維他命C，可幫助增強身體
的抵抗力，使小朋友不容易生病。

討厭蔬果的兒童

地瓜蘋果牛奶
Sweet Potatoe & Apple Milk

材 料
地瓜100克、蘋果100克、鮮奶100c.c.

做 法
1. 地瓜削除外皮後切成一口大小，放入蒸鍋中蒸熟。
2. 蘋果削除外皮後切成一口大小。
3. 將地瓜、蘋果和鮮奶倒入果汁機中攪打即成。

MEMO
地瓜可代替米飯成為主食，加入蘋果、鮮奶，小朋友可一次吃到多種營養。

・喝這個最健康 ▶
地瓜含大量的食物纖維，幫助小朋友排便。鮮奶中含的乳球蛋白質可幫助孩子增進免疫力，更有效吸收到其他營養，健康成長。

綠花椰柳丁豆漿
Broccoli & Orange Soybean Milk

材 料
綠花椰菜100克、柳丁1/2個、無糖豆漿200c.c.、檸檬汁1/2大匙

做 法
1. 綠花椰菜分成小朵後洗淨，莖的部分再切適當大小。
2. 柳丁剝成一瓣瓣，撕掉薄膜，取出籽。
3. 將綠花椰菜、柳丁和豆漿倒入果汁機中攪打，加入檸檬汁拌勻即成。

MEMO
無糖豆漿可在早餐店買到，但建議可去傳統豆腐店購買，價格比早餐店的便宜。也可以參照p.13自己製作豆漿。
營養的綠花椰菜搭配酸甜的柳丁汁，味道不再可怕，建議給不吃蔬菜的小朋友試試。

・喝這個最健康 ▶
綠花椰菜含大量的纖維素、鈣質、葉酸和維他命C、β胡蘿蔔素等，能維持免疫系統。

奇異果多多
Kiwifruit Yakult

材 料
奇異果2個、養樂多1瓶、蜂蜜少許

做 法
1. 奇異果削除外皮後切成適當大小。
2. 將奇異果、養樂多倒入果汁機中攪打，加入蜂蜜拌勻即成。

MEMO
挑選奇異果時不要選太硬的，果實未成熟吃起來較酸，不適合打果汁。

▶ 喝這個最健康 ◀

奇異果有大量纖維，對腸道的蠕動、消化系統很有幫助。養樂多含有乳酸菌，能改善胃腸道功能。

葡萄多多
Grape Yakult

材 料
葡萄100克、養樂多1瓶、蜂蜜少許

做 法
1. 葡萄洗淨後切對半，將籽挑出。
2. 將葡萄、養樂多倒入果汁機中攪打，加入蜂蜜拌勻即成。

MEMO
葡萄只要洗乾淨，可不需剝皮直接打果汁。若買的葡萄太甜，可不用加入蜂蜜。

▶ 喝這個最健康 ◀

葡萄能開胃增進食慾，小朋友若吃不下飯，可以先來杯葡萄汁。

討厭蔬果的兒童

草莓奶昔
Strawberry Milk Shake

材 料

草莓100克、冷開水50c.c.、細砂糖2
大匙、鮮奶75c.c.、鮮奶油50c.c.

做 法

1. 草莓洗淨後剝除蒂頭，對切一半。
2. 將鮮奶、細砂糖先拌勻。
3. 將草莓、鮮奶油、鮮奶和冷開水倒
   入果汁機中攪打約1分鐘即成。

MEMO

鮮奶油可在超市買到，使用前需放在
冰箱冷藏保存。

・喝這個最健康

草莓中含有胡蘿蔔素，對視力很有幫助。

芭樂多多
Guava Yakult

材 料

芭樂200克、養樂多1瓶、蜂蜜少許

做 法

1. 芭樂洗淨後切小塊，挖掉中間軟的
   部分和籽。
2. 將芭樂、養樂多倒入果汁機中攪
   打，加入蜂蜜拌勻即成。

MEMO

放入芭樂打汁前，記得先挖掉中間軟
的部分和籽。

・喝這個最健康

芭樂含有豐富的維他命C，可使小朋友增
加抵抗力。天然的蜂蜜較其他醣類含更
高營養價值，除調味外，還具調理腸胃
的功能。

柳丁香蕉牛奶
Orange & Banana Milk

材 料

柳丁2個、香蕉1/2根、鮮奶200c.c.、
蜂蜜1小匙

做 法

1. 香蕉削除外皮後切成一口大小。
2. 柳丁對半切開，以壓榨器壓出柳丁
   汁。
3. 將香蕉、柳丁汁和鮮奶倒入果汁機
   中攪打，加入蜂蜜拌勻即成。

MEMO

香蕉可選擇皮上有帶些黑點的，甜度
夠，適合打果汁。

・喝這個最健康

香蕉含有醣類，以及鈣、磷、鉀、維他命
A、B、C、鋅、鈣、鎂等營養素，營養價
值高。

柳丁蛋蜜汁
Orange & Yolk Honey Juice

材 料

柳丁1個、蛋黃1個、鮮奶100c.c.、脫
脂奶粉2小匙、冷開水50c.c.、蜂蜜1
小匙

做 法

1. 柳丁對半切開，以壓榨器壓出柳丁
   汁。
2. 將柳丁汁、蛋黃、鮮奶、奶粉和冷
   開水倒入果汁機中攪打，加入蜂蜜
   拌勻即成。

MEMO

小朋友若還是覺得太酸，可再斟酌加
入少許天然蜂蜜調味。

・喝這個最健康

柳丁含有豐富的維他命A、B、C、磷、
鉀，可幫助排便，預防便秘。

草莓奶昔

芭樂多多

柳丁蛋蜜汁

柳丁香蕉牛奶

Pina Colada

Tequila Sunrise

小松菜蘋果汁
Komatsuna & Apple Juice

材 料
小松菜50克、蘋果1個、冷開水150c.c.

做 法
1. 小松菜洗淨後切適當大小。蘋果削除外皮後切成一口大小。
2. 將小松菜、蘋果和冷開水倒入果汁機中攪打即成。

MEMO
1. 小松菜是油菜的變種，又叫水菜、京菜，目前可在大一點的超市中買到有機小松菜。
2. 很少人抗拒得了蘋果汁。小朋友不喜歡吃菜，可加入些許蘋果汁調味，既營養接受度又高。

▶ 喝這個最健康 ◀

小松菜所含的胡蘿蔔素是所有蔬菜中最高的，多吃可保護眼睛，增加疾病抵抗力。

胡蘿蔔柳丁汁
Carrot & Orange Juice

材 料
胡蘿蔔100克、柳丁2個、檸檬汁1小匙

做 法
1. 胡蘿蔔洗淨後切成條狀，放入果菜汁機中榨成胡蘿蔔汁。
2. 柳丁對半切開，以壓榨器壓出柳丁汁。
3. 將胡蘿蔔汁、柳丁汁倒入杯中，加入檸檬汁即成。

MEMO
果菜汁機、壓榨器的使用，可分別參照p.6和p.7。
有些小朋友不喜歡胡蘿蔔汁的生味，建議可加入檸檬汁、柳丁汁一起喝，也可再加入些許蜂蜜，味道更好。

▶ 喝這個最健康 ◀

胡蘿蔔含β胡蘿蔔素、維他命A、鉀、鈉、鈣、鎂、磷、鐵等，可幫助孩童生長、保護視力、預防感冒。

鳳梨蘋果汁
Pineapple & Apple Juice

材料
鳳梨100克、蘋果30克、油菜30克、高麗菜30克、冷開水100c.c.

做法
1. 鳳梨、蘋果削除外皮後切成一口大小。
2. 高麗菜洗淨後切適當大小。油菜洗淨,先切除根部再切成適當長段。
3. 將鳳梨、蘋果、高麗菜、油菜和冷開水倒入果汁機中攪打,加入蜂蜜拌勻即成。

MEMO
因為是使用果汁機攪打,攪打時注意食材要打得細一些,可以不過濾直接喝。

• 喝這個最健康

鳳梨所含的鳳梨酵素可幫助消化,加上其纖維較柔軟,可幫助排便,預防便秘。

櫻桃優格汁
Cherry Yogurt Juice

材料
櫻桃120克、市售原味優格70克、蜂蜜2大匙、冷開水150c.c.

做法
1. 櫻桃洗淨後去掉梗,對切一半,取出果核。
2. 將櫻桃、優格和冷開水倒入果汁機中攪打,加入蜂蜜拌勻即成。

MEMO
這裡不論是紅紫色的櫻桃或淡黃色的櫻桃都可使用。

• 喝這個最健康

櫻桃含有多樣營養素,其中的維他命C含量最為突出,多吃可預防感冒,小朋友吃了則能增強身體抵抗力。

討厭蔬果的兒童

奇異果油菜優酪乳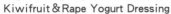
Kiwifruit & Rape Yogurt Dressing

材 料
奇異果2個、油菜80克、原味無糖優酪乳100c.c.、
冷開水50c.c.、蜂蜜1大匙

做 法
1. 奇異果削除外皮後切成適當大小。
2. 油菜洗淨，先切除根部再切成適當長段。
3. 將奇異果、油菜、優酪乳和冷開水倒入果汁機中
　 攪打，加入蜂蜜拌勻即成。

MEMO
買回來的油菜根部會帶有泥土，必須先仔細清洗過
後再打成汁。

・喝這個最健康◀

油菜中含有鈣、磷、鐵、胡蘿蔔素、維他命C等營養成
分，常吃能保護視力、清潔血液。

蘋果優酪乳
Apple Yogurt Dressing

材 料
蘋果1個、市售原味優酪乳60c.c.、冷
開水80c.c.、蜂蜜2大匙

做 法
1. 蘋果削除外皮後切成一口大小。
2. 將蘋果、優酪乳和冷開水倒入果汁
　 機中攪打，加入蜂蜜拌勻即成。

MEMO
也可以加入少許碎冰一起打，最適合
小朋友在炎熱的夏天裡喝。

・喝這個最健康◀

蘋果中含有的豐富維他命C，小朋友吃
了，更能增進骨骼的發育，以及保護牙齒
的健康。

白蘿蔔柳丁汁
Chinese Radish & Orange Juice

材 料
白蘿蔔150克、柳丁1個、檸檬汁2大匙、蜂蜜1大匙

做 法
1. 白蘿蔔洗淨後切成條狀。
2. 柳丁對半切開，以壓榨器壓出柳丁汁。
3. 將白蘿蔔放入果菜汁機中榨成白蘿蔔汁。
4. 將白蘿蔔汁倒入杯中，加入柳丁汁、檸檬汁和蜂蜜拌勻即成。

MEMO
1. 如果沒有果菜汁機，只要將白蘿蔔、50c.c.冷開水倒入果汁機中攪打，再過濾出汁液也可。
2. 通常小朋友不愛吃帶點生味的白蘿蔔，可加入酸甜味且含高維他命C的柳丁汁調味。

▶喝這個最健康◀
白蘿蔔不加熱烹調而打成蔬果汁直接飲用，其所含的少量芥子油，有助食慾不佳時開胃，另外所含的粗纖維則可促進消化。

蘋果西芹可爾必思
Apple & Celery Calpis

材 料
蘋果1個、西洋芹1根、可爾必思100c.c.、冷開水90c.c.、蜂蜜1大匙

做 法
1. 蘋果削除外皮後切成一口大小。
2. 西洋芹摘除葉子後洗淨，切小段。
3. 將蘋果、西洋芹和冷開水倒入果汁機中攪打，倒出汁液，加入可爾必思、蜂蜜拌勻即成。

MEMO
西洋芹的纖維較粗，建議要切小小段再放入果汁機來攪打。可爾必思很受孩童歡迎，將西洋芹加在其中，孩童接受度較高。

▶喝這個最健康◀
西洋芹中含有豐富的胡蘿蔔素、鈣、磷、鐵和多種維他命等，多吃對人體健康有益。同時也含大量的膳食纖維，有助排便。

Part
2

我有小毛病嗎？

不一樣的症狀就要喝不同的果汁

現代人往往過份投注在工作、學業上，不知不覺中忽略了自己和家人的身體健康，若只想靠吞維他命來吸收營養是不夠的，來杯簡單製作的天然果汁，才是最佳的營養補充劑。持續受慢性病、婦女疾病所苦的人，還有因便秘、肥胖所困擾的人，或者想預防癌症、增強免疫力的人，拋下維他命，來杯天然的果汁，讓身體自然健康起來。

火龍果奇異果汁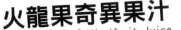
Dragon Fruit & Kiwifruit Juice

材料 火龍果1/2個、奇異果40克、蜂蜜1小匙

做法
1. 火龍果對半切開,取其中一半再切2等分,剝除外皮,果肉切成一口大小。
2. 奇異果削除外皮後切成一口大小。
3. 將火龍果、奇異果倒入果汁機中攪打,加入蜂蜜拌勻即成。

MEMO
挑選火龍果時,可挑外皮深紫紅且均勻,摸起來有一點點軟的較佳,果肉較甜。

▶ **喝這個最健康**

火龍果含有一般植物少有的植物性白蛋白、花青素、維他命和水溶性膳食纖維等,熱量低,吃了易有飽足感。但火龍果性涼,寒性體質不宜。

蘋果水梨汁
Apple & Pear Juice

材料 蘋果2個、水梨1個

做法
1. 蘋果削除外皮後切成一口大小。
2. 水梨削除外皮,取出果核和籽,果肉切成一口大小。
3. 將蘋果、水梨倒入果汁機中攪打即成。

MEMO
在攪打水梨和蘋果時,可加入些許檸檬汁,可防止果汁氧化變黑。

▶ **喝這個最健康**

蘋果是既便宜又營養的水果。它所含的豐富纖維質,有助排泄,預防便秘。

苦瓜柳丁汁
Bittergourd & Orange Juice

材料 苦瓜50克、柳丁4個、蘋果1/2個、蜂蜜2小匙、檸檬汁1小匙

做法
1. 苦瓜洗淨後對半切開,取出籽,挖掉棉絮,切成小塊。
2. 柳丁每個切成4份,去皮剝成一瓣瓣,撕掉薄膜,取出籽。
3. 蘋果切成一口大小,所有材料放入果汁機中攪打,加入蜂蜜、檸檬汁拌勻即成。

MEMO
如果怕吃苦,可將苦瓜的籽和內膜完全挖掉,就可去除苦味。

▶ **喝這個最健康**

苦瓜雖然很苦,但有清熱、解毒、降火氣的功用,可有效改善便秘。

木瓜優酪乳
Papaya Yogart Dressing

材 料 木瓜120克、無糖原味優酪乳180c.c.

做 法

1. 木瓜削除外皮後取出籽，切成一口大小。
2. 將木瓜倒入果汁機中攪打，倒出汁液，加入優酪乳拌勻即成。

MEMO

木瓜可挑選果身後段和尾段呈黃色、果身較紅，摸起來稍微軟的。

・喝這個最健康

現代人多吃得油膩且暴飲暴食，常有便秘的窘狀，木瓜有助消化，幫助順利排便。

毛豆香蕉甜奶
Green Soybeans & Banana Milk

材 料 毛豆25克、香蕉1/2根、鮮奶240c.c.、黃豆粉1大匙、蜂蜜2小匙

做 法

1. 毛豆煮熟，將毛豆外層薄膜剝掉。
2. 香蕉剝除外皮後切成一口大小。
3. 將毛豆、香蕉和鮮奶倒入果汁機中攪打，加入黃豆粉、蜂蜜拌勻即成。

MEMO

黃豆粉在一般超市、雜貨店和大賣場都買得到。

・喝這個最健康

毛豆和香蕉都含有高量的食物纖維，可促進腸胃蠕動，順暢排便，不再便秘。

奇異果牛奶
Kiwifruit & Pineapple Fruit Milk

材 料 奇異果2個、鳳梨80克、鮮奶50c.c.、檸檬汁1小匙、蜂蜜1小匙

做 法

1. 奇異果削除外皮後切成適當大小。
2. 鳳梨削除外皮後切成一口大小。
3. 將鳳梨、鮮奶、檸檬汁和蜂蜜倒入果汁機中攪打，加入奇異果再稍微攪打即成。

MEMO

如果覺得奇異果的皮不好剝，建議你可先以刀直剖，再以湯匙挖出果肉，切成小塊即可。

・喝這個最健康

夏季常見的奇異果和鳳梨，都是含高食物纖維的水果，吃了有助消化，對預防便秘有絕佳的效果。

香蕉芝麻豆漿

Banana & Sesame Seeds Soybean Milk

材 料　香蕉1根、黑芝麻粉1大匙、無糖豆漿200c.c.、蜂蜜1大匙

做 法
1. 香蕉剝除外皮後切成一口大小。
2. 將香蕉、豆漿倒入果汁機中攪打，加入黑芝麻粉、蜂蜜拌勻即成。

▶ 喝這個最健康
好吃的香蕉中含有高纖維，可幫助刺激腸胃的蠕動，是改善和預防便秘的好水果。

奇異果葡萄柚汁

Kiwifruit & Grapefruit Juice

材 料　奇異果2個、葡萄柚1/2個、檸檬汁2小匙

做 法
1. 奇異果削除外皮後切成適當大小。
2. 葡萄柚剝除外皮，果肉剝成一瓣瓣，撕掉薄膜，取出籽。
3. 將奇異果、葡萄柚倒入果汁機中攪打，加入檸檬汁拌勻即成。

MEMO
材料中的葡萄柚是直接放入果汁機中攪打，可以吃得到纖維，整顆葡萄柚的營養都吃得到。

▶ 喝這個最健康
葡萄柚有極多的膳食纖維，能促進腸胃蠕動，可通便清腸。但服用心血管藥物者要避免飲用。

香蕉咖啡牛奶

Banana Coffee Milk

材 料　香蕉1根、鮮奶200 c.c.、咖啡粉1小匙、黃豆粉1大匙、蜂蜜1小匙

做 法
1. 香蕉剝除外皮後切成一口大小。
2. 將香蕉、鮮奶倒入果汁機中攪打，加入咖啡粉、黃豆粉和蜂蜜即成。

MEMO
除了蜂蜜，也可用果糖來調味。

▶ 喝這個最健康
除了香蕉以外，喝咖啡也可以促進腸胃的蠕動，幫助順暢排便，做好體內的環保。

鳳梨優酪乳
Pineapple Yogurt Dressing

材料 鳳梨80克、柳丁1/2個、市售無糖優酪乳100c.c.、檸檬汁1小匙

做法

1. 鳳梨削除外皮後切成一口大小。
2. 柳丁切成2份，去皮剝成一瓣瓣，撕掉薄膜，取出籽。
3. 將鳳梨、柳丁倒入果菜汁機中攪打，倒出汁液，加入優酪乳、檸檬汁拌勻即成。

MEMO

也可以直接將鳳梨、柳丁、檸檬汁和優酪乳直接倒入果汁機中攪打，差別在於可喝到較多的纖維。

・喝這個最健康

夏天是鳳梨的產季，香甜多汁的鳳梨除了有助排便、消除疲勞外，因含有微量的錳元素，可以幫助人體對鈣質的吸收，防止骨質疏鬆。

高麗菜柳丁牛奶
Cabbage & Orange Milk

材料 柳丁1個、高麗菜30克、鮮奶200c.c.、冷開水適量、起司粉1小匙、蜂蜜適量

做法

1. 柳丁切4等分，剝除外皮後將果肉剝成一瓣瓣，撕掉薄膜，取出籽。
2. 高麗菜清洗乾淨後切成小碎片。
3. 將柳丁、高麗菜和冷開水倒入果汁機中攪打，倒入汁液，加入鮮奶、起司粉和蜂蜜拌勻即成。

MEMO

也可將柳丁和高麗菜放入果菜汁機中攪打出汁液，再加入鮮奶等材料拌勻，過程中可不需加入水。

・喝這個最健康

綠花椰菜除有豐富的維他命C，它還有豐富的鈣質和鐵質，不僅可以改善貧血，還能預防骨質疏鬆。

檸檬橘子汁
Lemon & Orange Juice

材料 橘子4個、檸檬1/2個

做法

1. 將橘子、檸檬都對切成半。
2. 利用壓榨器將橘子、檸檬壓出汁液，倒出汁液即成。

MEMO

可將橘子黑色小蒂頭、檸檬尖頭那面朝上，取刀以橫剖的方式將橘子、檸檬切成兩半，再放在壓榨器上壓，較易壓出汁液。

・喝這個最健康

女性在月經期間會流失血液，檸檬、橘子中富含的維他命C，可幫助吸收鐵質。

青江菜香蕉汁
Bokchoy & Banana Juice

材 料 青江菜70克、香蕉1/2根、高鈣牛奶100c.c.、檸檬汁2小匙

做 法
1. 青江菜洗淨後切成一口大小。
2. 香蕉剝除外皮後切成一口大小。
3. 將青江菜、香蕉和牛奶倒入果汁機中攪打，加入檸檬汁拌勻即成。

MEMO
這道果汁中加入的是高鈣牛奶，更能加倍補充鈣。

• 喝這個最健康

青江菜含有鈣質，而香蕉中的維他命C可幫助鈣質的吸收。

櫻桃優酪乳
Cherry Yogurt Dressing

材 料 櫻桃200克、原味無糖優酪乳100c.c.

做 法
1. 櫻桃洗淨後摘除梗，切開取出果核。
2. 將櫻桃倒入果汁機中攪打，倒出汁液，加入優酪乳拌勻即成。

MEMO
這道果汁中的櫻桃，可選果皮顏色黑的櫻桃，果肉較香甜多汁。

• 喝這個最健康

櫻桃含有豐富的維他命C，可促進膠原蛋白合成，使骨質鈣化。

藍莓葡萄汁
Blueberry & Grape Juice

材 料 藍莓100克、葡萄150克

做 法
1. 藍莓清洗乾淨。
2. 葡萄洗淨後切對半，將籽挑出。
3. 將藍莓、葡萄倒入果汁機中，打成果汁即成。

MEMO
藍莓清洗時需注意不要太用力。

• 喝這個最健康

藍莓含有豐富的維他命C，增加免疫力。

香蕉綠花椰菜牛奶
Banana & Broccoli Milk

材 料 綠花椰菜100克、香蕉1根、低脂鮮奶100c.c.

做 法

1. 綠花椰菜分成小朵後洗淨，莖的部分再切適當大小，再將綠花椰菜倒入果菜汁機中榨成汁，倒出汁液。
2. 將綠花椰菜汁、香蕉和低脂牛奶倒入果汁機中攪打即成。

MEMO 也可以用全脂鮮奶、高鈣取代。

‧喝這個最健康

牛奶中含有大量的鈣，香蕉擇可幫助鈣質完全吸收。

鳳梨豆漿
Pineapple Soybean Milk

材 料 帶皮鳳梨80克、香蕉1根、無糖豆漿150 c.c.、大豆粉2大匙

做 法

1. 鳳梨連皮切成一口大小。
2. 香蕉削除外皮後切成一口大小。
3. 將鳳梨倒入果菜汁機中榨成汁，倒出汁液，加入豆漿、香蕉和大豆粉，全部再倒入果汁機中攪打即成。

MEMO 大豆是黃豆、青豆和黑豆的總稱，大豆粉可在五穀雜糧店買到。

‧喝這個最健康

有些女性在月經前會出現焦躁不安、頭痛、胸部腫脹等經前症候群，鳳梨可增加血清素，幫助緩解這些不舒服。

小蕃茄高麗菜汁
Tomato & Cabbage Juice

材 料 小蕃茄100克、高麗菜3片、西洋芹20克

做 法

1. 小蕃茄洗淨後剝除蒂頭，對切一半。高麗菜洗淨後切適當大小。
2. 西洋芹摘除葉子後洗淨，切小段。
3. 將小蕃茄、高麗菜和西洋芹倒入果菜汁機中榨成汁，倒出汁液即成。

MEMO

也可以使用一般的蕃茄，小蕃茄的不同在於甜度較高。

‧喝這個最健康

蕃茄是一種好吃且熱量低的蔬果，它可增加血清素，緩解生理期中的不舒服。

生薑蘋果茶
Ginner & Apple Tea

材料 蘋果1/8個、紅茶200c.c.、生薑汁1/2小匙

做法
1. 將茶包放入滾水中稍微泡一下，取出茶包。
2. 蘋果削除外皮後切成小丁。
3. 將蘋果、生薑汁倒入紅茶中稍微拌一下即成。

MEMO
除了喝生薑紅茶，蘋果丁也可以吃下。

• 喝這個最健康
在生理期間喝加有薑的飲料，可以促進血液循環，減緩生理疼痛。

油菜蘋果汁
Rape & apple Juice

材料 油菜40克、蘋果1個、檸檬1小匙、蜂蜜適量、冷開水80c.c.

做法
1. 油菜洗淨後切適當的長段。
2. 蘋果削除外皮，切成一口大小，加入檸檬汁和蜂蜜拌勻即成。
3. 將油菜、蘋果和冷開水倒入果汁機中攪打，加入檸檬汁和蜂蜜拌勻即成。

MEMO
製作這道果汁時也可以不加入冷開水，但打好的果汁較濃稠，有的人不敢喝，所以加了些許冷開水。

• 喝這個最健康
油菜的嫩莖和葉都可以入菜食用，因含有鐵質，是女性補血的好食材。

芹菜蘋果汁
Celery & Apple Juice

材料 西洋芹100克、蘋果1個、胡蘿蔔1根

做法
1. 芹菜摘除葉子後洗淨，切小段。
2. 蘋果洗淨後連皮切成一口大小，取出果核和籽。
3. 胡蘿蔔洗淨後切成片狀。
4. 將芹菜、蘋果和胡蘿蔔放入果菜汁機中壓榨出汁打，倒出汁液即成。

MEMO
蘋果外皮一定要清洗乾淨，將農藥洗淨，才能連皮一起打果汁。

• 喝這個最健康
西洋芹有鎮定神經的效果，對於神經衰弱，也同時具有修補的效果，還可幫助改
失眠。胡蘿蔔中含的鈣，有助於舒緩更年期的精神焦躁不安症狀。

高麗菜水果汁
Cabbage & Fruit Juice

材 料 高麗菜100克、西洋芹1/3根、蘋果1/3個、香蕉1/2根、冷開水100c.c.
做 法

1. 高麗菜洗淨後切適當大小。西洋芹摘除葉子後洗淨，切小段。
2. 香蕉剝除外皮，蘋果削除外皮，都切小段。
3. 將高麗菜、蘋果、香蕉和西洋芹、冷開水倒入果汁機中搾成汁，以濾網過濾出汁液即成。

MEMO

這杯果汁中因纖維量較多，使用濾網過濾較方便飲用，但若想連渣一起食用，則可不過濾。

• 喝這個最健康

更年期婦女飲食中相當重要的一點是每天「鈣」的補充，高麗菜、蘋果和香蕉，都有利婦女鈣的吸收。

柳丁薑茶
Orange & Ginger Tea

材 料 柳丁2個、蘋果1/2個、生薑汁2小匙、冷開水50c.c.
做 法

1. 柳丁每個切成4份，剝除外皮但須留下白肉的部分，果肉剝成一瓣瓣，撕掉薄膜，取出籽。
2. 蘋果削除外皮後切成一口大小。
3. 將柳丁、蘋果和冷開水倒入果汁機中攪打，加入薑汁拌勻即成。

MEMO

薑汁可用果菜汁機或研磨器製作。

• 喝這個最健康

柳丁高量的維他命C可幫助女性停經後生理機能的正常運作。

菠菜西芹牛奶
Spinach & Celery Milk

材 料 菠菜50克、西洋芹50克、胡蘿蔔50克、鮮奶100c.c.
做 法

1. 菠菜洗淨後切適當大小。西洋芹摘除葉子後洗淨，切小段。
2. 胡蘿蔔洗淨後切成條狀。
3. 將菠菜、西洋芹和胡蘿蔔倒入果菜汁機中搾成汁，倒出汁液，加入鮮奶拌勻即成。

MEMO

這道果汁的製作重點，是最後才將鮮奶和蔬果汁一起攪拌再飲用。

• 喝這個最健康

更年期中的女性，時常會出現焦躁不安的情緒，從菠菜、西洋芹和胡蘿蔔中能補充到充分的鈣，可緩解情緒上的不舒服。

綠花椰菜蕃茄汁
Broccoli & Tomato Juice

材 料 綠花椰菜1/2個、蕃茄1個、檸檬1大匙、蜂蜜1大匙、冰塊少許
做 法
1. 綠花椰菜分成小朵後洗淨，莖的部分再切適當大小。
2. 蕃茄洗淨後剝除蒂頭，先切成6等分，再切成一口大小。
3. 將綠花椰菜、蕃茄倒入果菜汁機中搾成汁，倒出汁液，加入檸檬汁、蜂蜜拌勻，放上冰塊即成。

MEMO
這道果汁也可以不加入冰塊。

·喝這個最健康

市場中常看到的綠花椰菜，除了含有高纖維、鈣質、維他命B1和B2等營養素外，它含有的鐵質，多吃可預防貧血（缺鐵性貧血）。

香蕉柳丁蛋蜜汁
Banana & Orange Yolk Honey Juice

材 料 香蕉1/2根、柳丁1個、蛋黃1個、冷開水100c.c.
做 法
1. 香蕉削除外皮後切成一口大小。
2. 柳丁切4等分，剝除外皮後將果肉剝成一瓣瓣，撕掉薄膜，取出籽。
3. 將香蕉、柳丁、蛋黃和冷開水倒入果汁機中攪打即成。

MEMO
如果不敢吃蛋黃的腥味，可加入1/2個即可。此外，這道果汁因為加入了蛋黃，完成後必須馬上飲用，以免蛋黃壞掉。

·喝這個最健康

香蕉中維他命B6的含量很高，能刺激血液內的血色素，預防貧血。尤其正在減肥的人若有貧血症狀，低熱量的香蕉更是一大推薦。

超級維他命C果汁
Super VitaminC Juice

材 料 草莓6個、蕃茄1個、檸檬汁1小匙、冷開水70c.c.
做 法
1. 草莓洗淨後剝除蒂頭，對切一半。
2. 蕃茄洗淨後剝除蒂頭，先切成6等分，再切成一口大小。
3. 將草莓、蕃茄和冷開水倒入果汁機中攪打，加入檸檬汁拌勻即成。

MEMO
草莓相當容易腐壞，尤其在夏天，必須放在冰箱中保存。

·喝這個最健康

我們常吃的蕃茄中含有鐵質、蕃茄紅素，可以改善常見的貧血（缺鐵性貧血）。而草莓也能改善貧血。

香蕉黑棗乾牛奶
Banana & Plum Milk

材 料 香蕉1根、黑棗乾3個、鮮奶100c.c.、檸檬汁少許

做 法
1. 香蕉剝除外皮後切成一口大小。
2. 黑棗乾切細塊。
3. 將香蕉、黑棗乾和鮮奶倒入果汁機中攪打,加入檸檬汁拌勻即成。

MEMO
如果買不到黑棗肉,可買黑棗再剖開取出果核。

▸ **喝這個最健康**

這道果汁中的黑棗是最佳的鐵質來源,缺鐵性貧血的人可以多吃。

葡萄柚葡萄乾牛奶
Grapefruit & Raisin Milk

材 料 葡萄柚1/2個、葡萄乾50克、鮮奶150c.c.、冰塊少許

做 法
1. 葡萄柚切成4份,剝成一瓣瓣,撕掉薄膜,取出籽。
2. 將葡萄柚、葡萄乾和鮮奶倒入果汁機中攪打即成。

MEMO
這道果汁在製作時可加入少許冰塊,可避免葡萄柚因機器產生的熱而破壞營養成分。

▸ **喝這個最健康**

葡萄柚中含有的葉酸,可防止惡性貧血。而葡萄乾含有大量的鐵質,是最佳補血聖品。

菠菜胡蘿蔔牛奶
Spinach & Carrot Milk

材 料 菠菜80克、胡蘿蔔1/2根、鮮奶150c.c.、蜂蜜1小匙、墨西哥辣椒醬(Tabasco)少許

做 法
1. 菠菜洗淨後切適當大小。
2. 胡蘿蔔洗淨後切成片狀。
3. 將菠菜、胡蘿蔔和鮮奶果汁機中攪打,倒出汁液,加入蜂蜜和墨西哥辣椒醬拌勻即成。

MEMO
不喜歡墨西哥辣椒醬辣味的人可以不用加入。

▸ **喝這個最健康**

含有鐵質的胡蘿蔔素是補血的好食物,胡蘿蔔中就含有這種營養成分,打果汁或煮胡蘿蔔湯都不錯。

香蕉葡萄汁
Banana & Grape Juice

材 料 香蕉2根、葡萄10個、冷開水170c.c.、蜂蜜2小匙

做 法
1. 香蕉剝除外皮後切成一口大小。
2. 葡萄洗淨後切對半，將籽挑出，加入蜂蜜拌勻即成。
3. 將香蕉、葡萄和冷開水倒入果汁機中攪打，加入蜂蜜拌勻即成。

MEMO
葡萄整顆清洗乾淨，可直接連皮一起打汁，一起吃進葡萄皮的營養。

• 喝這個最健康

香蕉含鐵質，而葡萄同樣含有鐵質和維他命B群，兩種水果都是易得的補血水果。

胡蘿蔔薑汁
Carrot & Ginger Juice

材 料 胡蘿蔔1/2根、生薑1段、檸檬汁2小匙

做 法
1. 胡蘿蔔、生薑洗淨後都切成片狀。
2. 將胡蘿蔔、生薑倒入果菜汁機中搾成汁，倒出汁液，加入檸檬汁拌勻即成。

MEMO
若不太能接受生胡蘿蔔汁的味道，可加入少許檸檬汁、蜂蜜調味即可。

• 喝這個最健康

吃有「小人參」之稱的胡蘿蔔，可幫助改善手腳冰冷的情形。

橘子薑汁
Tangerine & Ginger Juice

材 料 橘子3個、生薑1段。

做 法
1. 橘子洗淨後每個切成4份，連皮剝成一瓣瓣，取出籽。
2. 生薑洗淨後切小塊。
3. 將橘子、生薑倒入果菜汁機中搾成汁，倒出汁液即成。

MEMO
這道果汁也可以利用壓搾器將柳丁壓出汁，並利用磨泥器將生薑磨出薑汁，再將兩者混合即可。

• 喝這個最健康

果汁中加入生薑，可幫助促進血液循環、消除疲勞和舒解壓力，可預防手腳冰冷。

金桔菠菜豆漿
Baby Orange & Spinach Soybeab Milk

材料 金桔3個、菠菜1/3束、無糖豆漿、白芝麻粉1大匙、紅辣椒粉少許

做法

1. 金桔洗淨後橫切對半，取出籽。
2. 菠菜洗淨後切成一口大小。
3. 將金桔、菠菜倒入果菜汁機中搾成汁，倒出汁液，加入豆漿、白芝麻粉和紅辣椒粉拌勻即成。

MEMO

金桔可挑外皮較薄且軟的，汁液較甜，皮薄也較容易放入果汁機中攪打。

・喝這個最健康

金桔含有生物類黃酮，俗稱維他命P，幫助維護血管的健康，強化微血管彈性，使血液運行順暢。而少許的紅辣椒粉加在果汁中，可使身體發熱。

南瓜肉桂優酪乳
Pumpkin & Cinnamon Yogurt Dressing

材料 熟南瓜100克、肉桂粉少許、原味無糖優酪乳180c.c.

做法

1. 南瓜洗淨後切成塊狀，放入蒸鍋中蒸熟，待涼後剝除外皮。
2. 將南瓜、優酪乳和肉桂粉倒入果汁機中攪打即成。

MEMO

也可以將南瓜切塊，以保鮮膜包好，放入微波爐中微波約2分鐘至軟。

・喝這個最健康

中藥中也有許多可改善、預防手腳冰冷的香料，像肉桂就可以幫助身體發汗，使血液循環更順暢，全身都溫暖。

木瓜油菜花汁
Papaya & Rape Juice

材料 油菜花100克、木瓜90克、冷開水100c.c.、蜂蜜1小匙

做法

1. 油菜花洗淨後切適當的長段。
2. 木瓜挖掉籽，取出果肉，切成一口大小。
3. 將油菜花、木瓜和冷開水倒入果汁機中攪打，加入蜂蜜拌勻即成。

MEMO

木瓜含有酵素，烹煮肉類時加入一些木瓜，可使肉更快熟爛。

・喝這個最健康

木瓜含有機酸、蛋白質、維他命B、B1、B2、C，以及鈣、鐵等營養素，其中的維他命B1、B2可以幫助菸鹼酸的合成，能促進末梢血管擴張，使手腳不冰冷。

綜合甜椒汁
Sweet Peppers Juice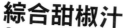

材料 紅甜椒1/2個、黃甜椒1/2個、冷開水100c.c.、檸檬汁少許、蜂蜜適量

做法

1. 紅、黃椒洗淨後剝除蒂頭，去除籽，切成一口大小。
2. 將紅、黃甜椒和冷開水倒入果汁機中攪打，加入蜂蜜、檸檬汁拌勻即成。

MEMO

甜椒較沒有青椒的嗆味，生吃或打果汁都很適合。

‧喝這個最健康

紅黃甜椒富含蛋白質、鈣、鈉、磷、鐵及維他命A、維他命C、菸鹼酸等營養素，加上每100克熱量約28卡，即使減肥也吃得到營養。

萵苣柳丁汁
Lettuce & Orange Juice

材料 萵苣50克、柳丁1/2個、西洋芹25克、冷開水50c.c.、檸檬汁1小匙

做法

1. 萵苣剝好成一片片後洗淨，切成一口大小。西洋芹摘除葉子後洗淨，切小段。
2. 柳丁切成2份，去皮剝成一瓣瓣，撕掉薄膜，取出籽。
3. 將萵苣、柳丁、西洋芹和冷開水倒入果汁機中攪打，加入檸檬汁拌勻即成。

MEMO

可加入幾顆冰塊，果汁更美味可口。

‧喝這個最健康

綠色蔬菜中的萵苣每100克僅有14卡熱量，熱量低，柳丁含豐富的維他命C等營養素和纖維，搭配打果汁美味又健康。

低卡蔬菜汁
Vegetables Juice

材料 萵苣100克、高麗菜80克、茼蒿50克、白胡椒少許

做法

1. 萵苣剝好成一片片後洗淨，切成一口大小。
2. 高麗菜、茼蒿洗淨後都切成一口大小。
3. 將萵苣、高麗菜和茼蒿倒入果菜汁機中攪打，加入白胡椒拌勻即成。

MEMO

這道果汁直接用果菜汁機榨成的汁會比較濃稠，也可加入100c.c.的冷開水放入果汁機中攪打。

‧喝這個最健康

萵苣、高麗菜和茼蒿每100克的熱量分別是14、25、32大卡，加上含多種營養素和膳食纖維，是減肥好食材。

水蜜桃梨子汁
Peach & Pear Juice

材 料 水蜜桃1個、水梨1/2個、冷開水80c.c.、檸檬汁少許
做 法
1. 水蜜桃輕輕剝除外皮，切成一口大小。
2. 水梨削除外皮，取出果核和籽，切成一口大小。
3. 將水蜜桃、水梨和冷開水倒入果汁機中攪打，加入檸檬汁拌勻即成。

MEMO
水蜜桃只要清洗乾淨，可以連皮一起食用，如不喜歡吃皮，可用剝除皮的方法，削皮容易削掉太多皮，浪費果肉。

• 喝這個最健康
水蜜桃和水梨都含有豐富的維他命、水分和膳食纖維，吃了有飽足感且有利排便，維持體內舒暢。

火龍果鳳梨汁
Dragonfruit & Pineapple Juice

材 料 火龍果200克、鳳梨50克、冷開水100c.c.、蜂蜜2小匙
做 法
1. 火龍果對半切開，取其中一半再切2等分，剝除外皮，果肉切成一口大小。
2. 鳳梨削除外皮後切成一口大小。
3. 將火龍果、鳳梨和冷開水倒入果汁機中攪打，加入蜂蜜拌勻。

MEMO
除了白肉的火龍果，也可用紅肉的火龍果。

• 喝這個最健康
火龍果含有豐富的水溶性膳食纖維，可預防便秘。

西瓜苦瓜汁
Watermelon & Bittergourd Juice

材 料 苦瓜50克、西瓜30克、冷開水100c.c.、檸檬汁1小匙、蜂蜜1小匙
做 法
1. 苦瓜洗淨後對半切開，取出籽，挖掉棉絮，切成小塊。
2. 西瓜去皮去籽，切成一口大小。
3. 將苦瓜、西瓜和冷開水倒入果汁機中攪打，倒出汁液，加入檸檬汁、蜂蜜拌勻，再倒入冷開水混和拌勻即成。

MEMO
此處的冷開水可以換成氣泡水或碳酸水來調，口味稍有點不同。

• 喝這個最健康
苦瓜每100克的熱量約16卡，它含有豐富的鉀、維他命C和葉酸等營養素，幾乎不含脂肪，是減肥的好食材。

遠離肥胖

柳丁大黃瓜汁

Orange & Cucumber Juice

材 料 柳丁1個、大黃瓜200克、冷開水70c.c.、冰塊適量

做 法

1. 大黃瓜洗淨後切小塊。
2. 柳丁切4等分,剝除外皮後將果肉剝成一瓣瓣,撕掉薄膜,取出籽。
3. 將柳丁、大黃瓜、冷開水和冰塊倒入果汁機中攪打即成。

MEMO
這裡的大黃瓜,也可用小黃瓜取代。

• 喝這個最健康

大黃瓜、小黃瓜都有豐富的維他命C,熱量低,是減肥的良方。

火龍果高麗菜汁

Dragon Fruit & Cabbage Juice

材 料 火龍果80克、高麗菜80克、冷開水160c.c.、蜂蜜1大匙

做 法

1. 火龍果對半切開,取其中一半再切2等分,剝除外皮,果肉切成一口大小。
2. 高麗菜洗淨後切成一口大小。
3. 將火龍果、高麗菜和冷開水倒入果汁機中攪打,加入蜂蜜拌勻即成。

MEMO 這裡的火龍果不論白肉或紅肉皆可。若買的是紅肉的,小心衣服不要沾到汁液,否則很難清洗。

• 喝這個最健康

火龍果熱量低又含豐富的膳食纖維,輕鬆幫助排便,做好體內環保,身體自然輕盈不肥胖。

蕃茄黃瓜汁

Tomato & Cucumber Juice

材 料 蕃茄1個、小黃瓜1根、西洋芹2根、冷開水50c.c.

做 法

1. 蕃茄洗淨後剝除蒂頭,先切成6等分,再切成一口大小。
2. 小黃瓜洗淨後切小塊。西洋芹摘除葉子後洗淨,切小段。
3. 將蕃茄、小黃瓜、西洋芹和冷開水倒入果汁機中攪打即成。

MEMO
西洋芹可稍微削除外皮較硬的部分打果汁,可不需過濾直接飲用。

• 喝這個最健康

蕃茄、西洋芹和小黃瓜都是高纖維、低熱量且含豐富維他命等營養素的水果,減肥的人吃最適合。

青江菜香瓜汁
Bokchoy & Melon Juice

材 料 青江菜60克、香瓜50克、冷開水70c.c.、檸檬汁2小匙、鹽少許
做 法
1. 青江菜洗淨後切成一口大小。
2. 香瓜挖掉籽，取出果肉，切成一口大小。
3. 將青江菜、香瓜和冷開水倒入果菜汁機中攪打，倒出汁液，加入檸檬汁、鹽拌勻即成。

MEMO
夏天是香瓜的盛產季，也是減肥的好時機，多喝香瓜汁，營養又瘦得健康。

・喝這個最健康

除了本身含有維他命C和胡蘿蔔素、鉀、鐵、蛋白質等營養素，青江菜還是高鈣量的蔬菜，可有效補充鈣質，預防骨質疏鬆。

蕃茄香蕉牛奶
Tomato & Banana Milk

材 料 蕃茄80克、香蕉80克、小麥胚芽粉1大匙、鮮奶100c.c.
做 法
1. 蕃茄洗淨後剝除蒂頭，先切成6等分，再切成一口大小。
2. 香蕉剝除外皮後切成一口大小。
3. 將蕃茄、香蕉、小麥胚芽粉和鮮奶倒入果汁機中攪打即成。
MEMO 小麥胚芽粉可在烘焙材料行買到。

・喝這個最健康

香蕉幾乎含有所有的營養素、礦物質和纖維，是一種高營養價值低熱量的水果，適合減肥時吃。而蕃茄也是營養價值高超低熱量的蔬果，生食、熱食都適合。

青江菜蕃茄牛奶
Bokchoy & Tomato Juice

材 料 青江菜50克、蕃茄30克、鮮奶100c.c.、冰塊20克、檸檬汁1小匙、蜂蜜1小匙
做 法
1. 青江菜先切掉根部，洗淨後切成一口大小。
2. 蕃茄洗淨後剝除蒂頭，切成一口大小。
3. 將青江菜、蕃茄、冷開水、鮮奶倒入果汁機中攪打，加入檸檬汁、蜂蜜拌勻即成。

MEMO
除了蜂蜜，也可加入天然楓糖漿。

・喝這個最健康

牛奶、蕃茄都是含鈣量極為豐富的食物，日常生活中，除了運動，蕃茄牛奶是很好補充鈣質的果汁。

蘋果巴西里汁
Apple & Parsley Juice

材料 巴西里20克、萵苣40克、青蘋果1/4個、檸檬汁1小匙、蜂蜜1小匙、無糖豆漿100c.c.

做法
1. 巴西里洗淨後切小段。
2. 萵苣洗淨後切一口大小。青蘋果削除外皮後切成一口大小。
3. 將巴西里、萵苣、青蘋果倒入果菜汁機中搾成汁，倒出汁液，加入豆漿、檸檬汁、蜂蜜拌勻即成。

MEMO
巴西里（Parsley）又叫荷蘭芹、歐芹，帶有特殊香氣，通常用作西餐的香料，類似我們使用香菜、九層塔來增加料理的香氣，可在大型超市中買到。

喝這個最健康

檸檬、蘋果和萵苣都含有大量的維他命C，有助於保持身體免疫系統機能，使人不易生病。

蕃茄巴西里汁
Tomato & Parsley Juice

材料 巴西里15克、蕃茄40克、檸檬汁1小匙、冷開水100c.c.

做法
1. 巴西里洗淨後切小段。
2. 蕃茄洗淨後剝除蒂頭，切成一口大小。
3. 將巴西里、蕃茄和冷開水倒入果汁機中攪打，加入檸檬汁拌勻即成。

MEMO
這道果汁若蕃茄不夠甜，不如其他果汁那麼好喝。但看到這些食材的營養成分，再苦也得嚐嚐。

喝這個最健康

巴西里含有維他命A、B1、B2、鈣、鐵、鉀等礦物質，可增強身體的抵抗力。

南瓜柚子牛奶
Pumpkin & Pomelo Milk

材料 熟南瓜100克、柚子1/2個、蜂蜜1小匙、鮮奶200c.c.

做法
1. 柚子輕輕刮去薄薄一層黃色外皮，切細碎預留。整個柚子切成8份，去皮剝成一瓣瓣，撕掉薄膜，取出籽。
2. 熟南瓜切成一口大小。
3. 將柚子皮碎、柚子、熟南瓜和鮮奶倒入果汁機中攪打，加入蜂蜜拌勻即成。

MEMO
黃色或青色柚子都可以使用。

喝這個最健康

甜甜的南瓜含有大量的β胡蘿蔔素、多種礦物質，可幫助增強抵抗力。

馬鈴薯香蕉牛奶
Potato & Banana Milk

材 料 熟馬鈴薯1個、香蕉1/2個、鮮奶200 c.c
做 法
1. 熟馬鈴薯切成一口大小。
2. 香蕉剝除外皮後切成一口大小。
3. 將馬鈴薯、香蕉和鮮奶倒入果汁機中攪打即成。

MEMO
可將生的馬鈴薯放入蒸鍋中蒸熟，剝去外皮後切成一口大小。

• 喝這個最健康

馬鈴薯中含的維他命C和B6，可幫助提高免疫系統的功能。

地瓜胡蘿蔔牛奶
Sweet Potato & Carrot Milk

材 料 熟地瓜1條、胡蘿蔔70克、鮮奶240c.c.、蜂蜜1小匙
做 法
1. 熟地瓜切成一口大小。胡蘿蔔洗淨後切成圓片。
2. 將胡蘿蔔倒入果菜汁機中搾成胡蘿蔔汁，取出汁液。
3. 將鮮奶、胡蘿蔔汁和地瓜倒入果汁機中攪打，加入蜂蜜拌勻即成。

MEMO
可將生的地瓜直接放入蒸鍋中蒸熟，剝去外皮後切成一口大小，

• 喝這個最健康

胡蘿蔔所含的β胡蘿蔔素和維他命A，可維持上皮組織和黏膜細胞的健康，阻絕病原體入侵我們的身體。

馬鈴薯萵苣牛奶
Potato & Lettuce Milk

材 料 熟馬鈴薯1個、萵苣1片、鮮奶200 c.c.、鹽少許
做 法
1. 熟馬鈴薯切成一口大小。
2. 萵苣洗淨後切成一口大小。
3. 將馬鈴薯、萵苣和鮮奶倒入果汁機中攪打，加入鹽拌勻即成。

MEMO
煮好的熟馬鈴薯若一次沒用完，必須放入冰箱保存，否則易壞掉。
這道果汁中加點鹽，喝起來會更順口。

• 喝這個最健康

萵苣和胡蘿蔔、馬鈴薯、南瓜都含有木質素，能有效提高人體抗癌細胞的免疫力，讓生活更健康。

枇杷蜂蜜汁
Loquat & Honey Juice

材料 枇杷5個、冷開水200c.c.、蜂蜜1大匙

做法

1. 枇杷洗淨後剝除外皮,取出籽。
2. 將枇杷、冷開水倒入果汁機中攪打,加入蜂蜜拌勻即成。

MEMO

枇杷要選擇較橘紅色且肉質稍軟一點的,吃起來比較甜。

• 喝這個最健康

枇杷含有多種纖維素、胡蘿蔔素,可以調節人體免疫功能。

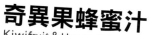

奇異果蜂蜜汁
Kiwifruit & Honey Juice

材料 奇異果2個、冷開水200c.c.、蜂蜜2小匙

做法

1. 奇異果削除外皮後切成適當大小。
2. 將奇異果、冷開水倒入果汁機中攪打,加入蜂蜜拌勻即成。

MEMO

奇異果要選摸起來稍微軟,不能太硬的,果肉才會多汁且甜。

• 喝這個最健康

奇異果這個富含多種營養素的巨星水果,它的維他命C和A,可以保護細胞膜,增強抵抗力。

小麥草檸檬汁
Green Barley & Lemon Juice

材料 小麥草40克、檸檬汁1小匙、蜂蜜2小匙、冷開水270c.c.

做法

1. 小麥草洗淨,切成適當長度。
2. 將小麥草、冷開水倒入果汁機中攪打,以濾網濾掉殘渣,留下小麥草汁。
3. 在小麥草汁中加入檸檬汁、蜂蜜拌勻即成

MEMO

小麥草可以在生機飲食店中買到。

• 喝這個最健康

現代人習慣吃精緻的米食,微量礦物質通常攝取不足,而小麥草中含微量礦物質,能增強免疫力,幫助恢復體力。

增強免疫力

五穀精力湯
Grains Energy Soup

材 料 薏仁30克、核桃30克、松子25克、苜蓿芽30克、綠豆芽30克、葡萄柚1/2個、冷開水400c.c.

做法
1. 薏仁、核桃、松子、苜蓿芽和綠豆芽洗淨。葡萄柚壓出汁液。
2. 取一鍋，鍋中倒入400c.c.冷開水以大火煮滾，加入薏仁、核桃、松子，以中火煮約3～5分鐘，熄火後倒入小鍋中。
3. 將做法2.放入冰水中，隔冰水使其冷卻。
4. 將做法3.的汁液、苜蓿芽、綠豆芽和葡萄柚汁倒入果汁機中攪打即成。

MEMO
薏仁、核桃、松子必須要先煮過，使其變軟後才能放入果汁機中攪打。

▶ 喝這個最健康 ◀
精力湯其實沒有固定的配方，只要選擇新鮮的蔬果、穀類和堅果類皆可。堅果提供不飽和程度高的油脂、維他命E，新鮮蔬果提供維他命C和其他營養素，各種營養素都在這道湯內。腎臟病患者需注意鉀的含量是否過高。

苜蓿芽精力汁
Alfalfa Energy Juice

材 料 苜蓿芽20克、綠豆芽20克、胡蘿蔔15克、冷開水200c.c.、蜂蜜2小匙

做法
1. 胡蘿蔔洗淨後切成圓片。
2. 苜蓿芽、綠豆芽清洗乾淨。
3. 將胡蘿蔔、苜蓿芽、綠豆芽和冷開水倒入果汁機中攪打，取出汁液，加入蜂蜜拌勻即成。

MEMO
這道精力汁需連同食物的渣一起食用，保證所有食物營養精華都不流失。

▶ 喝這個最健康 ◀
芽菜類蔬菜除了有增強體力、加速體內新陳代謝，還能增強身體免疫系統，防止產生疾病。

綜合活力湯 use
Fruits & Vegetables Energy Soup

材 料 松子30克、蓮子20克、菠菜30克、苜蓿芽30克、小豆苗25克、柳丁1個、冷開水400c.c.

做法
1. 蓮子、松子、菠菜、苜蓿芽和小豆苗洗淨。柳丁壓出汁液。
2. 取一鍋，鍋中倒入400c.c.冷開水以大火煮滾，加入蓮子、松子，以中火煮約3～5分鐘，熄火後倒入小鍋中。
3. 將做法2.放入冰水中，隔冰水使其冷卻。
4. 將做法3.的汁液、苜蓿芽、菠菜、小豆苗和柳丁汁倒入果汁機中攪打即成。

MEMO
蓮子、松子在做法2.中剛煮好時整鍋都是熱的，無法放入果汁機中攪打，可以如做法3.的隔冰水使其冷卻。

▶ 喝這個最健康 ◀
這道活力湯中包含蔬菜類、芽菜類、水果、堅果類等食材，各類營養素一應俱全，對身體做好全面性的營養提升。紅斑性狼瘡患者避免食用過多苜蓿芽。

蓮藕薑汁
Lotus Root & Ginner Juice

材 料 蓮藕50克、生薑10克、冷開水100c.c.、檸檬汁1大匙、蜂蜜適量

做 法

1. 蓮藕洗淨後削除外皮,切成適當大小的塊狀。
2. 生薑洗淨。
3. 將蓮藕、生薑和冷開水倒入果汁機中攪打,倒出汁液,加入檸檬汁、蜂蜜拌勻即成。

MEMO
蓮藕容易變黑,若沒有馬上使用或有剩餘的,可放入鹽水中泡。

▸ **喝這個最健康**

蓮藕含維他命C、醣類等營養素,可提升人體的免疫力,預防感冒。

白蘿蔔水梨汁
Chinese Radish & Pear Juice

材 料 白蘿蔔100克、白蘿蔔葉30克、水梨50克、蜂蜜2小匙、薑汁2小匙

做 法

1. 白蘿蔔和白蘿蔔葉洗淨後切適當大小。
2. 水梨削除外皮,取出果核,切成一口大小。
3. 將白蘿蔔、白蘿蔔葉和水梨倒入果菜汁機中搾成汁,倒入杯中,加入蜂蜜、薑汁拌勻即成。

MEMO
這道果汁若想改用果汁機製作,可在材料中加入100c.c.冷開水即可。

▸ **喝這個最健康**

因感冒而發炎時可喝熱水梨汁。白蘿蔔則具有消炎、殺菌和利尿的功效,是天然消炎藥,喉嚨因感冒而疼痛時可喝白蘿蔔蜂蜜汁。

蓮藕柳丁汁
Lotus Root & Orange Juice

材 料 蓮藕100克、柳丁1個、冷開水100c.c.

做 法

1. 蓮藕洗淨後削除外皮,切成適當大小的塊狀。
2. 柳丁每個切成4份,去皮剝成一瓣瓣,撕掉薄膜,取出籽。
3. 將蓮藕、柳丁和冷開水倒入果汁機中攪打即成。

MEMO
這道果汁是將蓮藕、柳丁一起放入果汁機中攪打,可以吃得到纖維。

▸ **喝這個最健康**

蓮藕含有豐富的維他命和礦物質,特別是維他命C,可有效預防感冒。

胡蘿蔔蛋蜜牛奶
Carrot & York Honey Milk

材 料 胡蘿蔔40克、蛋黃1個、蜂蜜2小匙、鮮奶150c.c.

做 法
1. 胡蘿蔔洗淨後切成小片狀。
2. 將胡蘿蔔、蛋黃和鮮奶倒入果汁機中攪打，加入蜂蜜拌勻即成。

MEMO
如果雞蛋蛋黃較大顆，只加1/2個即可。

▶ 喝這個最健康

蛋的營養大部分都集中在蛋黃裡，蛋黃營養極高，可提升人體的免疫力。高膽固醇患者建議每星期食用2～3個蛋黃即可。

菠菜柳丁汁
Spinach & Orange Juice

材 料 菠菜100克、柳丁1個、蘋果100克、檸檬汁少許

做 法
1. 菠菜洗淨後切適當大小。蘋果削除外皮，切成一口大小。
2. 柳丁每個切成4份，去皮剝成一瓣瓣，撕掉薄膜，取出籽。
3. 將菠菜、柳丁和蘋果倒入果菜汁機中搾出汁液，倒出汁液，加入檸檬汁拌勻即成。

MEMO
這裡的菠菜使用菠菜葉的部分即可。

▶ 喝這個最健康

菠菜、柳丁和蘋果是營養價值高的蔬果，可以提升人體的免疫力，預防感冒。

蘋果生薑蘇打水
Apple & Ginner Sodawater

材 料 生薑10克、蘋果1.5個、蘇打水100c.c.

做 法
1. 蘋果削除外皮，切成一口大小。
2. 將蘋果、生薑放入果菜汁機中搾成汁液，倒出汁液。
3. 將蘇打水倒入汁液拌勻即成。

MEMO
蘇打水無色無味，是一種碳酸飲料，將蘇打水搭配果汁，喝起來更爽口。

▶ 喝這個最健康

生薑有消炎、消腫、鎮痛的作用，感冒喉嚨腫痛時，可喝生薑飲品，緩解疼痛。

遠離癌症

葡萄柚醋汁
Chinese Cabbage & Banana Juice

材 料　葡萄柚1個、白醋1小匙、蜂蜜1大匙

做 法
1. 葡萄柚對半切開，以壓榨器壓出葡萄柚汁。
2. 將白醋、蜂蜜加入葡萄柚汁中拌勻即成。

MEMO
若沒有壓榨器，可將葡萄柚切4等分，剝除外皮後將果肉剝成一瓣瓣，撕掉薄膜，取出籽，再加入些許冷開水放入果汁機中攪打即可。

▶ **喝這個最健康** ◀

葡萄柚因含有類黃酮，可以抑制正常細胞產生癌變，增加身體的抵抗力。但記得葡萄柚不可與藥物一起服用，避免產生交互作用。

超級蔬果汁
Super Vegetables & Fruits Juice

材 料　胡蘿蔔2根、蘋果1/3個、青江菜適量、柳丁1個、檸檬汁1小匙、薑汁1小匙

做 法
1. 胡蘿蔔洗淨、蘋果削除外皮後都切成一口大小。
2. 將胡蘿蔔、蘋果和青江菜倒入果菜汁機中榨成汁，倒出汁液。
3. 柳丁對半切開，以壓榨器壓出柳丁汁。
4. 將柳丁汁、胡蘿蔔汁液和檸檬汁、薑汁拌勻即成。

MEMO
如果買不到現成的檸檬，可在超市中買到瓶裝檸檬汁，但仍以新鮮的檸檬為佳。

▶ **喝這個最健康** ◀

胡蘿蔔中含的類胡蘿蔔素，可增加抵抗力和提升免疫系統的功能，長期食用，還可防止癌症的發生。青江菜含有防癌物質的「引朵類化合物」，也可有效防癌。

大蒜胡蘿蔔汁
Garlic & Carrot Juice

材 料　胡蘿蔔2根、大蒜1顆、西洋芹2根、巴西里10克

做 法
1. 胡蘿蔔洗淨後切成條狀。
2. 西洋芹摘除葉子後洗淨，切小段。
3. 將胡蘿蔔、西洋芹、大蒜和巴西里倒入果菜汁機中榨成汁液，倒出汁液即成。

MEMO
大蒜可放在陰涼通風處保存，不須放入冰箱。

▶ **喝這個最健康** ◀

除了胡蘿蔔，大蒜能夠抑制癌細胞的分裂、增殖和生長，西洋芹、巴西里也是防癌好食材。

柳丁豆腐汁
Orange & Tofu Juice

材 料 冷凍豆腐50克、柳丁1個、蜂蜜1大匙、冷開水50c.c.

做 法

1. 冷凍豆腐的水瀝乾,切成小塊狀。
2. 柳丁每個切成4份,去皮剝成一瓣瓣,撕掉薄膜,取出籽。
3. 將豆腐、柳丁和冷開水倒入果汁機中攪打,加入蜂蜜即成。

MEMO

利用冷凍豆腐來製作這道果汁,搭配酸酸甜甜的柳丁汁,夏天喝最爽口。

• 喝這個最健康 ▶

豆腐是大豆製品,因其含有皂苷、異黃酮類物質,都有抑制癌細胞發展的效果。

葡萄芒果汁
Grapes & Mango Juice

材 料 葡萄100克、芒果100克、冷開水60c.c.

做 法

1. 葡萄洗淨後切對半,將籽挑出。
2. 芒果削除外皮,取出果核,切成一口大小。
3. 將葡萄、芒果和冷開水倒入果汁機中攪打即成。

MEMO 這道果汁不加入冷開水也可以,但完成的果汁會較濃稠。

• 喝這個最健康 ▶

葡萄中含有的黃酮類物質,可有效防癌。而芒果則因含有大量的維他命A,同樣具有防癌、抗癌的功效。

香蕉黑芝麻豆腐汁
Banana & Tofu Juice

材 料 香蕉1/2根、冷凍豆腐1/4塊、黑芝麻粉1大匙、黑糖2小匙、市售無糖豆漿80c.c.

做 法

1. 香蕉剝除外皮後切成一口大小。
2. 冷凍豆腐的水瀝乾,切成小塊狀。
3. 將香蕉、豆腐和豆漿倒入果汁機中攪打,加入黑芝麻粉、黑糖拌勻即成。

MEMO

豆漿無甜味,可加入少許黑糖調味。

• 喝這個最健康 ▶

黑芝麻含有的芝麻木質素,可以抗癌和防癌,還能提升肝臟功能而預防肝癌發生。

遠離
癌症

木瓜紅酒汁
Papaya Wine Juice

材料 木瓜100克、鳳梨100克、紅酒50c.c.
做法
1. 木瓜削除外皮後取出籽，切成小塊狀。
2. 鳳梨削除外皮後切成小塊狀。
3. 將木瓜、鳳梨倒入果汁機中攪打，加入紅酒即成。
MEMO
通常鳳梨果肉較木瓜來得硬，打汁時先放入木瓜，稍微攪打一下，再放入
鳳梨較易攪打。

• 喝這個最健康
木瓜中含有的「類胡蘿蔔素」，可提升免疫系統，減少罹癌的機會。

葡萄汁
Grapes Juice

材料 葡萄250克
做法
1. 葡萄洗淨後切對半，將籽挑出。
2. 將葡萄倒入果汁機中攪打至皮不見顆粒即成。
MEMO
巨峰葡萄的果肉多汁液較甜，很適合拿來做這道果汁。

• 喝這個最健康
葡萄果肉和皮都帶有可防癌的黃酮類物質，連皮一起食用，對身體健康更有好處。

葡萄柚柳丁汁
Grapefruit & Orange Juice

材料 葡萄柚1個、柳丁1個
做法
1. 葡萄柚、柳丁都切4等分，剝除外皮後將果肉剝成一瓣瓣，撕掉薄膜，
取出籽。
2. 將葡萄柚、柳丁倒入果汁機中攪打即成。
MEMO 也可不用果汁機，用壓榨機也很方便。

• 喝這個最健康
葡萄柚和柳丁都是柑橘類水果，富含維他命C，可增強免疫力，預防癌症。

小麥草汁
Green Juice

材 料 小麥草1把、冷開水100c.c.、鳳梨20克、檸檬汁2小匙、蜂蜜少許
做 法
1. 小麥草洗淨後瀝乾水份。
2. 將小麥草、鳳梨和冷開水倒入果汁機中攪打，加入蜂蜜、檸檬汁拌勻。
MEMO
第一次喝小麥草的人不建議喝純汁，可先試著加入檸檬、鳳梨等其他水果
一起攪打來喝。

· 喝這個最健康

小麥草含有維他命C和A，可清除自由基，預防癌症。

小麥草蘋果汁
Green & Apple Juice

材 料 小麥草1把、冷開水150 c.c.、蘋果1個、蜂蜜少許、冰塊少許
做 法
1. 小麥草洗淨後瀝乾水份。蘋果削除外皮後切成一口大小。
2. 將小麥草、冷開水倒入果汁機中攪打，倒出汁液置於一旁。
3. 將蘋果、冷開水和冰塊倒入果汁機中攪打，倒出汁液。
4. 將蘋果汁、小麥草汁混合，加入蜂蜜拌勻即成。
MEMO
小麥草不要攪打太久，可不需過濾喝較好。

· 喝這個最健康

每天一顆蘋果，醫生遠離我，蘋果豐富的營養可有效增強抵抗力。

藍莓鳳梨汁
Blueberry & Pineapple Juice

材 料 藍莓50克、鳳梨100克、檸檬汁1大匙、冷開水100c.c.
做 法
1. 藍莓以清水輕輕洗淨。
2. 鳳梨削除外皮後切成一口大小。
3. 將藍莓、鳳梨和冷開水倒入果汁機中攪打，加入檸檬汁拌勻即成。
MEMO 藍莓若買不到新鮮的，可用罐頭取代。

· 喝這個最健康

藍莓的維他命C，可增強免疫力，預防癌症。

西瓜水梨汁
Watermelon & Pear Juice

材 料　西瓜200克、水梨60克、檸檬汁少許

做 法
1. 西瓜取果肉，去除籽後切成一口大小。
2. 水梨削除外皮後切成一口大小。
3. 將西瓜、水梨倒入果汁機中攪打，加入檸檬汁拌勻即成。

MEMO
這裡的西瓜是選用紅肉西瓜。

• 喝這個最健康
西瓜有極佳的利尿作用，也能幫助代謝體內的水分，可預防腎臟病。

高麗菜小豆苗汁
Cabbage & Alfalfa Juice

材 料　高麗菜100克、小豆苗50克、西洋芹1根、冷開水80c.c.

做 法
1. 高麗菜洗淨後切適當大小。
2. 西洋芹摘除葉子後洗淨，切小段。小豆苗洗淨。
3. 將高麗菜、小豆苗和西洋芹和冷開水放入果汁機中攪打即成。

MEMO
製作蔬菜汁時，盡量是選購不含農藥的有機蔬菜，對身體更健康。

• 喝這個最健康
含豐富的鈉且低熱量的蔬菜，是最適合腎臟病、高血壓的人食用。

香蕉香瓜汁
Banana & Melon Juice

材 料　香瓜250克、香蕉1根

做 法
1. 木瓜削除外皮後取出籽，切成適當大小，放入果菜汁機中榨成汁。
2. 將香瓜汁倒入杯中，加入香蕉拌勻即成。

MEMO
另一種做法是將香瓜、香蕉和適量冷開水倒入果汁機中攪打即可。

• 喝這個最健康
香瓜是最佳的鉀來源，血液中的鉀越高，可使血壓降低。

草莓豆腐汁
Strawberry & Tofu Juic

材 料 草莓150克、嫩豆腐80克、冷開水80c.c.

做 法
1. 草莓洗淨後剝除蒂頭，對切一半。
2. 豆腐瀝乾水份後切一口大小。
3. 將草莓、豆腐和冷開水倒入果汁機中攪打即成。

MEMO
嫩豆腐可用廚房紙巾包裹吸掉過多的水份，再放入果汁機中攪打。

• 喝這個最健康

色、香、味俱佳的草莓含有多腫營養，而其中所含的礦物質「鈣」，可幫助血壓降低。

菠菜胡蘿蔔汁
Spinach & Carrot Juice

材 料 菠菜50克、胡蘿蔔2根

做 法
1. 胡蘿蔔洗淨後切成條狀，放入榨汁機榨成汁。
2. 繼續放入菠菜壓成汁即成。

MEMO
菠菜放入果菜汁機時，可綁成一把放入，或者放入一片片菠菜，但需用力往下壓緊。

• 喝這個最健康

維他命E可幫助降低血糖，對糖尿病患者來說需求量較大，菠菜就含有為他命E。

蘋果蘇打水
Apple Sodawater

材 料 蘋果1個、檸檬汁1大匙、蘇打水200c.c.

做 法
1. 蘋果去掉果核和籽後切成一口大小，放入果菜汁機中榨成汁。
2. 將蘋果汁倒入杯中，加入檸檬汁、蘇打水拌勻即成。

MEMO
因為是利用果菜汁機製作，所以蘋果清洗乾淨後可不去皮。

• 喝這個最健康

蘋果中的可溶性纖維，能幫助調解血糖，避免血漿糖度的突升突降，對糖尿病患者有益。

西瓜水梨牛奶
Watermelon & Pear Milk

材 料 西瓜200克、水梨100克、鮮奶100c.c.、蜂蜜1小匙

做 法

1. 西瓜取果肉，需留下紅色果肉和西瓜皮間那層白色果肉，去除籽後切成一口大小。
2. 水梨削除外皮，取出果核和籽，切成一口大小。
3. 將西瓜、水梨和鮮奶倒入果汁機中攪打，加入蜂蜜拌勻即成。

MEMO

選購西瓜時要挑有重量，以手指敲有厚實聲響的為佳。

▸ **喝這個最健康**

西瓜中含有大量的水份、糖份和各種維生素、礦物質、纖維，慷幫促進新陳代謝，具利尿功效。

奇異果水梨汁
Kiwifruit & pear Juice

材 料 奇異果1個、水梨200克、冷開水50c.c.、檸檬汁1小匙

做 法

1. 奇異果削除外皮後切成適當大小。
2. 水梨削除外皮，取出果核和籽，切成一口大小。
3. 將奇異果、水梨和冷開水倒入果汁機中攪打，加入檸檬汁拌勻即成。

MEMO

加入些許檸檬汁，可防止香蕉迅速變黑。

▸ **喝這個最健康**

水梨含有鉀，可以預防高血壓，但注意有胃臟疾病的人不能吃高鉀食物。

哈密瓜檸檬汁
Melon & Lemon Juice

材 料 哈密瓜200克、柳丁1個、冷開水50c.c.、檸檬汁2大匙

做 法

1. 哈密瓜取果肉切成一口大小。
2. 柳丁每個切成4份，去皮剝成一瓣瓣，撕掉薄膜，取出籽。
3. 將哈密瓜、柳丁和冷開水倒入果汁機中攪打，加入檸檬汁拌勻即成。

MEMO

夏天的哈密瓜熟度夠果肉甜，適合打果汁。

▸ **喝這個最健康**

哈密瓜含鉀量高，胃臟疾病的人不宜多吃。

哈密瓜豆漿
Melon Soybean Milk

材 料 哈密瓜200克、無糖豆漿100c.c.、蜂蜜2大匙、冰塊適量

做 法
1. 哈密瓜取果肉切成一口大小。
2. 將哈密瓜、豆漿和冰塊倒入果汁機中攪打，加入蜂蜜拌勻即成。

MEMO
可以鮮奶代替豆漿，同樣有營養。

‧喝這個最健康
胃臟疾病患者需注意避免食用高鉀量的食物。

蘆薈牛奶 use
Aroe Milk

材 料 蘆薈50克、柳丁1個、鮮奶150c.c.、蜂蜜1大匙

做 法
1. 蘆薈洗淨，削除小刺和外皮，切成適當大小的塊狀。
2. 柳丁每個切成4份，去皮剝成一瓣瓣，撕掉薄膜，取出籽。
3. 將蘆薈、柳丁和鮮奶倒入果汁機中攪打，加入蜂蜜拌勻即成。

MEMO
蘆薈在傳統市場、青草店買得到。

‧喝這個最健康
蘆薈含有蘆薈素，有鞏固胃壁細胞和血管的效果，還可以加速受損胃細胞復元，加上富含多種可幫助消化的酵素，可使身體有效吸收養分，健全胃的功能。

香蕉檸檬汁 use
Banana & Lemon Juice

材 料 香蕉1根、鮮奶200c.c.、冰塊適量、檸檬汁1小匙、蜂蜜2小匙、肉桂粉少許

做 法
1. 香蕉剝除外皮後切成一口大小。
2. 將香蕉、鮮奶、冰塊和檸檬汁倒入果汁機中攪打，加入蜂蜜拌勻，撒上肉桂粉即成。

MEMO
香蕉打果汁易變黑，加入檸檬汁可防止變黑。

‧喝這個最健康
檸檬中有大量的維他命C和鉀，可幫助消除疲勞，並且防治高血壓。

高麗菜青椒汁

Cabbage & Pepper Juice

材料 高麗菜35克、青椒50克、鳳梨50克、冷開水80c.c.、檸檬汁1小匙

做法
1. 青椒洗淨後剝除蒂頭，去除籽，切成一口大小。
2. 高麗菜洗淨後切適當大小。
3. 鳳梨削除外皮後切成一口大小和冷開水倒入果汁機中攪打。倒出汁液，加入檸檬汁拌勻即成。
4. 將青椒、高麗菜、鳳梨和冷開水倒入果汁機中攪打。倒出汁液，加入檸檬汁拌勻即成。

MEMO
青椒本身帶點澀味，加入鳳梨汁調味，喝起來較順口。

▶ 喝這個最健康

高麗菜中的鈣可以維持心臟正常收縮，與血壓有關。

香蕉牛奶

Banana Milk

材料 香蕉1根、鮮奶200 c.c.、檸檬汁少許

做法
1. 香蕉剝除外皮後切成一口大小。
2. 將香蕉、鮮奶倒入果汁機中攪打，加入檸檬汁拌勻即成。

MEMO
加入些許檸檬汁，可防止香蕉迅速變黑。

▶ 喝這個最健康

人體內若有過多的鈉會導致高血壓，而香蕉中因為含有大量的鉀，可以平衡多餘的鈉，所以有預防、降低高血壓的功效。

地瓜杏仁牛奶

Sweet Potato & Almond Powder Milk

材料 熟地瓜100克、杏仁粉1小匙、鮮奶200c.c.、蜂蜜適量

做法
1. 熟地瓜切成一口大小。
2. 將地瓜、鮮奶和杏仁粉倒入果汁機中攪打，加入蜂蜜拌勻即成。

MEMO
還可以加入些核桃。

▶ 喝這個最健康

地瓜中含有大量的天然DHEA（脫氫表雄甾酮），40歲以後因分泌量減少，可靠地瓜補充，每天攝取固定25毫克，有助於抗老和維持苗條身材。

山藥牛奶
Chinese Yam Milk

材 料 山藥80克、鮮奶200c.c.、蜂蜜1大匙

做 法

1. 山藥削除外皮，洗淨後磨成泥。
2. 將山藥泥、鮮奶倒入果汁機中攪打，加入蜂蜜拌勻即成。

MEMO

這裡的山藥白色紫色皆能用來打汁。

▸ 喝這個最健康 ◂

山藥除了含大量的澱粉、蛋白質外，還有纖維素、脂肪、維他命B1、C和鈣、磷等營養素，具有抗菌、抗氧化等功效，是最推薦的保健食材。

牛蒡果汁
Borduck Juice

材 料 牛蒡50克、鳳梨70克、蘋果50克、冷開水50c.c.、檸檬汁1小匙、蜂蜜1大匙

做 法

1. 牛蒡削除外皮後切成一口大小。
2. 鳳梨、蘋果削除外皮後切成一口大小。
3. 牛蒡、鳳梨、蘋果和冷開水倒入果汁機攪打，加入蜂蜜、檸檬汁拌勻。

MEMO

也可將牛蒡清洗乾淨後直接連皮下去打。

▸ 喝這個最健康 ◂

牛蒡中含有的蛋白質、木質素、礦物質等成份，對愛美的女性來說，有養顏美容、保持體態的效果。

火龍果多多
Dragon Fruit Yakult

材 料 火龍果200克、養樂多1瓶

做 法

1. 火龍果對半切開，取其中一半再切2等分，剝除外皮，果肉切成一口大小。
2. 將火龍果、養樂多倒入果汁機中攪打即成。

MEMO

也可用優酪乳代替養樂多。

▸ 喝這個最健康 ◂

火龍果的子含有花青素，花青素可以抗氧化，也就是抗老防癌，讓你的人體常保青春健康。

索引 INDEX

打開冰箱，看看家中現有什麼蔬菜、水果？參考本頁索引，馬上利用現有食材打蔬果汁！

【水果類】

【ㄅ】

芭樂

芭樂蜂蜜汁	38
芭樂多多	64

【ㄆ】

枇杷

葡萄柚枇杷汁	49
枇杷蜂蜜汁	90

蘋果

西洋梨蘋果汁	18
萵苣蘋果汁	18
青江菜蘋果汁	24
草莓白蘿蔔汁	26
胡蘿蔔蘋果薑汁	30
蘋果芥蘭菜汁	30
蘋果醋汁	36
胡蘿蔔蘋果豆漿	37
萵苣芹菜蘋果汁	46
青椒紫蘇牛奶	47
山苦瓜奇異果汁	50
高麗菜蘋果汁	51
蘋果胡蘿蔔薑汁	51
蘋果杏桃汁	59
香蕉蘋果汁	60
地瓜蘋果牛奶	62
小松菜蘋果汁	66
鳳梨蘋果汁	67
蘋果優酪乳	68
蘋果西芹可爾必思	69
蘋果水梨汁	72
苦瓜柳丁汁	72
生薑蘋果茶	78
油菜蘋果汁	78
芹菜蘋果汁	78
高麗菜水果汁	79
柳丁薑茶	79
蘋果巴西里汁	88
菠菜柳丁汁	93
蘋果生薑蘇打水	93
超級蔬菜汁	94
小麥草蘋果汁	97
蘋果蘇打水	99
牛蒡果汁	10

葡萄

葡萄牛奶	18
葡萄多多	63
葡萄藍莓汁	76
香蕉葡萄汁	82
葡萄芒果汁	95
葡萄汁	96

葡萄柚

柳丁橘子汁	23
毛豆葡萄柚優酪乳	28
葡萄柚優酪乳	28
白花椰西芹牛奶	35
蕃茄優酪乳	35
小黃瓜奇異汁	39
綠花椰奇異果汁	40
葡萄柚甜椒汁	42
葡萄柚枇杷汁	49
藍莓香蕉牛奶	52

蕃茄葡萄柚優酪乳	61
奇異果葡萄柚汁	74
葡萄柚葡萄乾牛奶	81
五穀精力湯	91
葡萄柚醋果汁	94
葡萄柚柳丁汁	96

【ㄇ】

芒果

柳丁芒果優酪乳	21
芒果蕃茄汁	49
芒果木瓜汁	50
芒果牛奶	59
葡萄芒果汁	95

木瓜

木瓜芝麻牛奶	20
木瓜香蕉牛奶	21
木瓜柳丁豆漿	37
木瓜芝麻優酪乳	48
芒果木瓜汁	50
木瓜優酪乳	73
木瓜油菜花汁	83
木瓜紅酒汁	96

【ㄈ】

蕃茄（小蕃茄）

蕃茄汁	27
蕃茄蜂蜜汁	33
松子蕃茄汁	34
蕃茄優酪乳	35
胡蘿蔔蕃茄牛奶	39
蕃茄梅子粉汁	44
蕃茄牛奶	46
芒果蕃茄汁	49
高麗菜蘋果汁	51
蕃茄甜椒汁	54
蕃茄葡萄柚優酪乳	61
小蕃茄高麗菜汁	77
綠花椰菜蕃茄汁	80
超級維他命C果汁	80
蕃茄黃瓜汁	86
蕃茄香蕉牛奶	87
青江菜蕃茄牛奶	87
蕃茄巴西里汁	88

鳳梨

鳳梨柳丁汁	22
香蕉鳳梨汁	23
鳳梨白菜汁	24
鳳梨汁	25
西瓜鳳梨汁	26
黑芝麻蘆筍豆漿	41
山苦瓜奇異汁	50
香蕉青江菜汁	57
鳳梨蘋果汁	67
鳳梨優酪乳	75
鳳梨豆漿	77
火龍果鳳梨汁	85
木瓜紅酒汁	96
小麥草汁	97
藍莓鳳梨汁	97
高麗菜青椒汁	102
牛蒡果汁	103

【ㄉ】

地瓜

地瓜蘋果牛奶	62
低卡蔬菜汁	84
地瓜胡蘿蔔汁	89
大蒜胡蘿蔔汁	94
地瓜杏仁牛奶	102

【ㄌ】

藍莓

藍莓香蕉牛奶	52
藍莓優格汁	55
葡萄藍莓汁	76
藍莓鳳梨汁	97

柳丁

胡蘿蔔柳丁牛奶	20
柳丁芒果優酪乳	21
鳳梨柳丁汁	22
柳丁橘子汁	23
香蕉柳丁豆漿	31
柳丁甜椒汁	36
木瓜柳丁豆漿	37
柳丁柿乾牛奶	53
南瓜柳丁優酪乳	61
綠花椰柳丁豆漿	62
柳丁香蕉牛奶	64
柳丁蛋蜜汁	64
胡蘿蔔柳丁汁	66
白蘿蔔柳丁汁	69
苦瓜柳丁汁	72
鳳梨優酪乳	75
高麗菜柳丁牛奶	75
柳丁薑茶	79
香蕉柳丁蛋蜜汁	80
萵苣柳丁汁	84
柳丁大黃瓜汁	86
綜合活力湯	91
蓮藕柳丁汁	92
菠菜柳丁汁	93
超級蔬菜汁	94
柳丁豆腐汁	95
葡萄柚柳丁汁	96
哈密瓜檸檬汁	100
薑蕾牛奶	101

酪梨

核桃酪梨牛奶	31
酪梨蘆筍汁	33
酪梨草莓牛奶	42
酪梨蛋蜜汁	52

【ㄏ】

哈密瓜

哈密瓜檸檬汁	100
哈密瓜豆漿	101

火龍果

火龍果奇異果汁	72
火龍果鳳梨汁	85
火龍果高麗菜汁	86
火龍果多多	103

【ㄐ】

金桔

金桔菠菜豆漿	83

橘子

柳丁橘子汁	23
草莓橘子優酪乳	42
檸檬橘子汁	75
橘子薑汁	82

【ㄑ】

奇異果

小黃瓜奇異果汁	39
綠花椰奇異果汁	40
山苦瓜奇異果汁	50
奇異果多多	63
奇異果油菜優酪乳	68
火龍果奇異果汁	72
奇異果牛奶	73
奇異果葡萄柚汁	74
奇異果蜂蜜汁	90
奇異果水梨汁	100

【ㄒ】

西瓜

西瓜鳳梨汁	26
西瓜苦瓜汁	85
西瓜水梨汁	98
西瓜水梨牛奶	100

西洋梨

西洋梨蘋果汁	18

香瓜

香瓜巴西里汁	32
香瓜汁	54
蘆筍香瓜豆漿	56
青江菜香瓜汁	87
香瓜香蕉汁	98

香蕉

木瓜香蕉牛奶	21
西瓜鳳梨汁	26
香蕉鳳梨汁	23
香蕉柳丁豆漿	31
香蕉杏仁汁	34
香蕉蛋蜜汁	42
香蕉南瓜汁	45
香蕉黃豆粉牛奶	48
藍莓香蕉牛奶	52
藍莓優格汁	55
香蕉豆腐汁	56
毛豆香蕉牛奶	57
香蕉青江菜汁	57
香蕉蘋果牛奶	60
柳丁香蕉牛奶	64
毛豆香蕉甜汁	63
香蕉芝麻豆漿	74
香蕉咖啡牛奶	74
青江菜香蕉汁	76
香蕉綠花椰菜牛奶	77
高麗菜水果汁	79
香蕉柳丁蛋蜜汁	80
香蕉黑棗乾牛奶	81
香蕉葡萄汁	82
蕃茄香蕉牛奶	87
馬鈴薯香蕉牛奶	90
香蕉芝麻豆腐汁	95
香瓜香蕉汁	98

品項	頁
香蕉檸檬汁	101
香蕉牛奶	102
杏桃	
水蜜桃杏桃牛奶	58
蘋果杏桃汁	59

【ㄕ】

品項	頁
水蜜桃	
水蜜桃杏桃牛奶	58
水蜜桃梨子汁	85
水梨	
水蜜桃梨子汁	85
白蘿蔔水梨汁	92
西瓜水梨汁	98
奇異果水梨汁	100

【ㄘ】

品項	頁
草莓	
草莓白蘿蔔汁	26
草莓豆漿	41
草莓橘子優酪乳	42
酪梨草莓汁	42
草莓胚芽優格	55
草莓牛奶	60
草莓奶昔	64
超級維他命C果汁	80
草莓豆腐汁	99

【一】

品項	頁
柚子	
柚子檸檬汁	32
南瓜柚子牛奶	88
櫻桃	
櫻桃優格汁	67
櫻桃優酪乳	76

【ㄑ】

品項	頁
青江菜蘋果汁	24
青椒紫蘇牛奶	47
奇異果多多	63
奇異果牛奶	73
奇異果葡萄柚汁	74
青江菜香蕉汁	76
芹菜蘋果汁	78
青江菜香瓜汁	87
青江菜蕃茄牛奶	87
奇異果蜂蜜汁	90
奇異果水梨汁	100

【蔬菜類】

【ㄅ】

品項	頁
巴西里	
香瓜巴西里汁	32
草莓橘子優格	43
萵苣蘋果汁	18
蘋果巴西里汁	88
蕃茄巴西里汁	88
大蒜胡蘿蔔汁	94
菠菜	
綜合蔬菜汁	27
菠菜西芹牛奶	79
菠菜胡蘿蔔牛奶	81
金桔菠菜豆漿	83
菠菜柳丁汁	93
菠菜胡蘿蔔汁	99

品項	頁
白蘿蔔	
草莓白蘿蔔汁	26
白蘿蔔柳丁汁	69
綜合活力湯	91
白蘿蔔水梨汁	92
白花椰菜	
白花椰西芹牛奶	35
白菜	
鳳梨白菜汁	24

【ㄇ】

品項	頁
馬鈴薯	
馬鈴薯香蕉牛奶	89
馬鈴薯萵苣牛奶	89
毛豆	
毛豆葡萄柚優酪乳	28
毛豆豆漿	29
毛豆香蕉牛奶	57
毛豆香蕉甜奶	63
苜蓿芽	
五穀精力湯	91
苜蓿芽精力汁	91
綜合活力湯	91

【ㄉ】

品項	頁
大頭菜	
葡萄柚優酪乳	28
大黃瓜	
柳丁大黃瓜汁	86
地瓜	
地瓜蘋果牛奶	62
地瓜胡蘿蔔牛奶	89
地瓜杏仁牛奶	102

【ㄊ】

品項	頁
甜椒	
核桃杏仁甜椒汁	29
柳丁甜椒汁	36
葡萄柚甜椒汁	42
蕃茄甜椒汁	54
綜合甜椒汁	84
茼蒿	
低卡蔬菜汁	84

【ㄋ】

品項	頁
南瓜	
香蕉南瓜汁	45
南瓜牛奶	58
南瓜柳丁優酪乳	61
南瓜肉桂優酪乳	83
南瓜柚子牛奶	88
牛蒡	
牛蒡果汁	103

【ㄌ】

品項	頁
蓮藕	
蓮藕胡蘿蔔汁	40
蓮藕薑汁	92
蓮藕柳丁汁	92
蘆薈	
高麗菜蘆薈汁	22
蘆薈蛋蜜汁	44
蘆薈牛奶	101
蘆筍	
蘆筍白芝麻牛奶	18
酪梨蘆筍汁	33
黑芝麻蘆筍豆漿	41
蘆筍香瓜豆	56

品項	頁
綠花椰菜	
綠花椰奇異果汁	40
綠花椰柳丁豆漿	62
香蕉綠花椰菜牛奶	77
綠花椰菜蕃茄汁	80

【ㄍ】

品項	頁
高麗菜	
高麗菜蘆薈汁	22
芒果蕃茄汁	49
高麗菜蘋果汁	51
鳳梨果汁	67
高麗菜柳丁汁	75
小蕃茄高麗菜汁	77
高麗菜水果汁	79
低卡蔬菜汁	84
火龍果高麗菜汁	86
高麗菜小豆苗汁	98
高麗菜青椒汁	102

【ㄎ】

品項	頁
苦瓜	
苦瓜柳丁汁	72
西瓜苦瓜汁	85

【ㄏ】

品項	頁
胡蘿蔔	
胡蘿蔔柳丁牛奶	20
綜合蔬菜汁	27
胡蘿蔔蘋果薑汁	30
胡蘿蔔蘋果豆漿	37
胡蘿蔔蕃茄牛奶	39
蓮藕胡蘿蔔汁	40
蘋果胡蘿蔔薑汁	51
蘋果杏桃汁	59
胡蘿蔔柳丁汁	66
芹菜蘋果汁	78
菠菜西芹牛奶	79
波菜胡蘿蔔牛奶	81
胡蘿蔔薑汁	82
地瓜胡蘿蔔牛奶	89
苜蓿芽精力汁	91
胡蘿蔔蛋蜜汁	93
超級蔬果汁	94
大蒜胡蘿蔔汁	94
菠菜胡蘿蔔汁	99

【ㄐ】

品項	頁
芥蘭菜	
蘋果芥蘭菜汁	30
薑	
胡蘿蔔蘋果薑汁	30
蘋果胡蘿蔔薑汁	51
生薑蘋果茶	78
柳丁薑茶	79
胡蘿蔔薑汁	82
蓮藕薑汁	92
蘋果生薑蘇打水	93
超級蔬果汁	94

【ㄑ】

品項	頁
青椒	
青椒紫蘇牛奶	47
高麗菜青椒汁	102
青江菜	
青江菜蘋果汁	24
香蕉青江菜汁	57
青江菜香蕉汁	76

品項	頁
青江菜香瓜汁	87
青江菜蕃茄牛奶	87
超級蔬菜汁	94
芹菜	
萵苣芹菜汁	25
萵苣芹菜蘋果汁	46

【ㄒ】

品項	頁
小麥草	
小麥草檸檬汁	90
小麥草汁	97
小麥草蘋果汁	97
小黃瓜	
柳丁黃瓜汁	38
小黃瓜奇異果汁	39
蕃茄黃瓜汁	86
小豆苗	
綜合活力湯	91
高麗菜小豆苗汁	98
小松菜	
小松菜黑棗豆漿	47
小松菜蘋果汁	66
西芹	
萵苣蘋果汁	18
綜合蔬菜汁	27
白花椰菜西芹牛奶	35
萵苣芹菜蘋果汁	46
蘋果西芹可爾必思	69
小蕃茄高麗菜汁	77
芹菜蘋果汁	78
高麗菜水果汁	79
菠菜西芹牛奶	79
萵苣柳丁汁	84
蕃茄黃瓜汁	86
大蒜胡蘿蔔汁	94
高麗菜小豆苗汁	98

【ㄕ】

品項	頁
山苦瓜	
山苦瓜奇異果汁	50
山藥	
山藥牛奶	103

【ㄗ】

品項	頁
紫蘇	
青椒紫蘇牛奶	47

【一】

品項	頁
油菜	
鳳梨蘋果汁	67
奇異果油菜優酪乳	68
油菜蘋果汁	78
油菜花	
木瓜油菜花汁	83

【ㄨ】

品項	頁
萵苣	
萵苣蘋果汁	18
萵苣芹菜汁	25
萵苣芹菜蘋果汁	46
萵苣柳丁汁	84
低卡蔬菜汁	84
蘋果巴西里汁	88
馬鈴薯萵苣牛奶	89

【ㄩ】

品項	頁
玉米	
香蕉杏仁汁	34

COOK50088

喝對蔬果汁不生病
每天1杯，嚴選200道好喝的維他命

編著■楊馥美

審定■黃煦君

攝影■蕭維剛

美術設計■鄭雅惠、許淑君

文字編輯■彭文怡

校對■連玉瑩

企劃統籌■李橘

發行人■莫少閒

出版者■朱雀文化事業有限公司

地址■台北市基隆路二段13-1號3樓

電話■(02)2345-3868

傳真■(02)2345-3828

劃撥帳號■19234566 朱雀文化事業有限公司

e-mail■redbook@ms26.hinet.net

網址■http://redbook.com.tw

總經銷■展智文化事業股份有限公司

ISBN■978-986-6780-26-4

初版登記■2011.05

定價■280元

出版登記北市業字第1403號

全書圖文未經同意，不得轉載和翻印

國家圖書館出版品預行編目資料

喝對蔬果汁不生病——每天1杯，嚴選
200道好喝的維他命
楊馥美 編著.—初版—台北市：
朱雀文化，2008〔民97〕
面； 公分，--（Cook50；088）
ISBN 978-986-6780-26-4（平裝）
1.果菜汁 3.飲料 2.健康飲食
　　427.46　　　　97009184

朱雀文化事業讀者回函

· 感謝購買朱雀文化食譜《喝對蔬果汁不生病》，重視讀者的意見是我們一貫的堅持；
　歡迎針對本書的內容填寫問卷，作為日後改進的參考。寄送回函時，不用貼郵票喔！

姓名：＿＿＿＿＿＿＿＿＿＿＿　生日：＿＿＿年＿＿＿月＿＿＿日
電話：＿＿＿＿＿＿＿＿＿＿＿　電子郵件信箱：＿＿＿＿＿＿＿＿＿＿＿

教育程度：□碩士及以上　　　□大專　　　□高中職　　　□國中及以下
職業：　□軍公教　　□金融保險　　□餐飲業　　□資訊業　　□製造業
　　　　□大眾傳播　□醫護業　　　□零售業　　□學生　　　□其他

· 購買本書的方式
□　實體書店
（□金石堂　□誠品　□何嘉仁　□三民　□紀伊國屋　□諾貝爾　□墊腳石　□page one
　　□其他書店＿＿＿＿＿＿＿）
□　網路書店（□博客來　□金石堂　□華文網　□三民）
□　量販店（□家樂福　□大潤發　□特力屋）
□　便利商店（□全家　□7-ELEVEN　□萊爾富）
□　其他＿＿＿＿＿＿＿＿＿＿

· 購買本書的原因（可複選）
□　主題　　　□　作者　　　□　出版社　　　□　設計　　　□　定價　　　□其他

· 最喜歡本書的一道菜是：＿＿＿＿＿＿＿＿＿＿＿＿＿＿＿＿
· 最不喜歡本書的一道菜是：＿＿＿＿＿＿＿＿＿＿＿＿＿＿
· 認為本書需要改進的地方是：＿＿＿＿＿＿＿＿＿＿＿＿＿
· 還希望朱雀出版哪方面的食譜：＿＿＿＿＿＿＿＿＿＿＿＿
· 最喜歡的食譜出版社是：＿＿＿＿＿＿＿＿＿＿＿＿＿＿＿
· 曾買過最喜歡的一本食譜是：＿＿＿＿＿＿＿＿＿＿＿＿＿

TO：朱雀文化事業有限公司
11052北市基隆路二段13-1號3樓